Hans-Georg Rabacher

O Guia de Carreira
para Comissários de Bordo

Tudo o Que Você Sempre Quis Saber
Sobre Ser um Membro da Tripulação de Cabine

checkpilot.com

Todas as informações e respostas contidas neste livro são apenas para fins informativos. Todo o conteúdo foi compilado com o devido cuidado. Assuntos complexos foram simplificados para fins de compreensão e legibilidade, o que significa que nem o autor nem a editora podem aceitar qualquer responsabilidade ou garantia pela completude do conteúdo. Alguns dos depoimentos originais foram traduzidos para esta publicação. Por razões de privacidade, apenas são dados os primeiros nomes, nacionalidade e idade dos entrevistados no momento da entrevista.

Publicado e impresso pela primeira vez como *"Fliegen als Job! Alles über FlugbegleiterInnen"*. Um registro de catálogo deste livro está disponível na Biblioteca Nacional Austríaca. Todos os direitos reservados, incluindo cópia, distribuição, armazenamento e tradução. Nenhuma parte deste livro pode ser reproduzida de qualquer forma ou por qualquer meio eletrônico ou mecânico sem permissão por escrito da editora, exceto por avaliadores, que podem citar breves passagens em uma resenha.

Copyright © Hans-Georg Rabacher
Checkpilot™ Publishing House, Kottingbrunn, Austria

Traduzido por:	Gabriel Pacheco
Editado e revisado por:	Ruth Pereira
Capa e ilustrações de:	Liana Akobian www.lianaakobian.com
Escrito por:	Hans-Georg Rabacher www.checkpilot.com crew@checkpilot.com
ISBN Capa comum:	979-8-335609-24-1
ISBN Capa dura:	979-8-335609-25-8

CONTENUTO

Prefácio: Se sentindo em casa ao redor do mundo   7

PERFIL DE UM COMISSÁRIO

O que você precisa para se tornar um comissário de bordo   13
O que é esperado de você   15
Personalidade importa   18
Por que você escolheu essa carreira?   20
Requisitos médicos   21
Aptidão para voar   22
Prova de suas qualificações
    e outros documentos comprovativos   25
Habilidades linguísticas   26
Requisitos de idade   27
Requisitos de altura   28
Peso   28
Uma aparência bem cuidada   29
Boas maneiras e etiqueta   30

PROCESSO DE RECRUTAMENTO

Seja estratégico!   33
Você conhece o mercado de trabalho oculto?   35
Escolhendo a companhia aérea certa   38
Candidaturas a emprego não solicitadas   44
Vagas   45
Documentos de candidatura escritos   47
Carta de apresentação – ideias e dicas   49
Escrevendo uma candidatura
    - como estruturar o conteúdo   51
Seu currículo   53
Redes sociais e presença online   55
Como se destacar nas feiras de recrutamento   57
Quais testes você pode esperar?   60

Exercícios em grupo no processo seletivo	62
Encenação: mais do que uma brincadeira!	64
A psicologia por trás da entrevista	67
Finalmente a resposta chega!	71

TREINAMENTO

Padrões internacionais	75
Preparar, apontar, já! Que comece o treinamento!	75
Procedimentos padronizados	78
Seu ambiente de trabalho voador	80
Transportando mercadorias perigosas	81
Pouso de emergência na água	82
Fogo e fumaça espessa	83
Perda de pressão da cabine	85
Primeiros socorros e medidas de salvamento	86
Embarque concluído	
- vamos começar a demonstração de segurança!	89
Comes e bebes a bordo	92
Problemas a bordo	94
Emoções intensificadas e resolução de problemas	96
Tripulação de cabine, por favor,	
tomem seus lugares para o pouso!	98
Treinamento na linha	99

NO TRABALHO

Comissários de bordo ao longo dos anos	103
Nenhum dia é igual	108
A escala e a hierarquia da tripulação	113
Voos de curto e médio-curso	115
Voos de longo-curso	116
Número de comissários a bordo	117
Cabine de passageiros e cabine de comando	118
Prós: os pontos positivos da profissão	121
Contras: os pontos negativos sobre o trabalho	126

OPORTUNIDADES DA CARREIRA

Salário e benefícios	133
Subindo de cargos e perspectivas de carreira	136
Treinando o treinador	137
Programas *study-and-fly* (estude e voe)	140
Comissário de bordo VIP em um jato executivo	141
Gravidez e licença maternidade	145
Filhos e carreira	146
Saúde e estilo de vida	148
Plano B	152
Dedicatória	155
Sobre o autor	156

Prefácio: Se sentindo em casa ao redor do mundo

Os caminhos que nos levam ao nosso emprego dos sonhos são tão diversos quanto a definição de carreira perfeita para cada pessoa. Cada um tenta criar a melhor vida possível para si. A busca pelo sucesso, felicidade e sensação de satisfação interior é o que nos faz escolher nossa carreira. E isso faz todo o sentido. Afinal, passamos mais da metade da nossa vida exercendo a profissão que escolhemos.

Para muitos, a ideia de um dia trabalhar para uma companhia aérea é a realização de um sonho. Viajar pelo mundo, descobrir novas culturas — é isso que torna esta profissão tão especial. Imagine ir para um trabalho que você ama todos os dias e sempre sentir uma profunda sensação de satisfação. Simplesmente não há palavras para descrever isso.

Muitas vezes você só consegue olhar brevemente pela janela do avião, mas mesmo assim você é imediatamente encantado pelo céu azul, oceanos que parecem não ter fim e paisagens de uma beleza deslumbrante. Esse local de trabalho nas alturas oferece um mundo com algo novo para descobrir todos os dias.

Só a simples ideia de passar seu tempo livre em uma terra distante já é atraente. E de tempos em tempos, você tem a oportunidade de visitar lugares históricos, conferir pontos turísticos mundialmente famosos e passear por cidades vibrantes e movimentadas. Às vezes você consegue tomar um sol na praia e dar um mergulho refrescante no mar. Quando você respira a brisa do mar, sente o vento nos cabelos e os pés na areia quente, é aí que você consegue relaxar totalmente e se sente livre.

Às vezes, mesmo os tripulantes mais antigos ainda sentem prazer nas pequenas coisas. Seja a vista de um lindo quarto de hotel, um passeio pelas charmosas boutiques de seu destino, ler seu livro preferido em um banco de parque ou aproveitar um momento de tranquilidade rodeado pela natureza. E também tem os amigos que você faz no trabalho. Pequenas interações que podem florescer nas mais maravilhosas amizades. Essas são as pessoas que podemos acabar conhecendo em nossas viagens. Podemos encontrá-las até nos cantos mais distantes do mundo e compartilhar momentos que um dia se tornarão algumas das nossas melhores recordações.

Se pararmos um minuto para imaginar o que essa profissão engloba, cada um de nós imaginará algo diferente — o que acontece dentro do avião ou como é trabalhar para uma companhia aérea. Obviamente não existe uma verdade absoluta, pois cada companhia aérea terá requisitos diferentes. O que todas têm em comum, no entanto, é que a principal responsabilidade dos comissários de bordo seja garantir a segurança dos passageiros.

Para ajudar os passageiros a relaxar enquanto estão a bordo, algumas companhias aéreas oferecem um conceito de serviço bastante abrangente. Um serviço de qualidade máxima com aquele toque especial começa com uma recepção calorosa. Viajantes com mobilidade reduzida às vezes precisam de assistência a bordo, crianças se alegram com distrações amigáveis e passageiros com medo recebem palavras calorosas e encorajadoras. Durante o voo, também cabe à tripulação criar um ambiente agradável, acolhedor e confortável. O cheiro do café que acabou de ser feito servido com um sorriso, um cobertor confortável para se aconchegar e tirar uma soneca ou um par de fones de ouvido para aproveitar o entretenimento a bordo — essas são apenas algumas das muitas coisas que os passageiros apreciam. Os comissários de bordo são profissionais em quem passageiros de todas as idades confiam para lhes fornecer instruções, conselhos e dicas.

Esta profissão proporciona oportunidades para descobrir o novo e o desconhecido e desfrutar de uma infinidade de experiências. O trabalho pode ter uma rotina fixa, mas nunca se torna monótono ou entediante. Nenhum dia é igual, o que torna este trabalho cheio de surpresas.

Existem algumas coisas na vida das quais não temos controle. Mas são as histórias que importam de verdade, as histórias sobre nossas experiências que um dia iremos compartilhar para outras pessoas. Como comissário de bordo, você está na posição perfeita para fazer exatamente isso. Pois em cada viagem que você faz, uma série de novas experiências espera por você. Esta é uma profissão que abre novos horizontes e te ensina a quebrar barreiras. Você vai encontrar pessoas que pensam como você, que são igualmente apaixonadas por voar e não conseguem imaginar uma vida fora da indústria da aviação.

Este livro está repleto de depoimentos de especialistas de todo o mundo. Ao compartilharem suas experiências, eles nos dão uma visão dos desafios que esse trabalho traz. Agora cabe a você decidir se um trabalho nas alturas é o trabalho certo para você.

Para o alto e avante!

Hans-Georg
Hans-Georg Rabacher

Vamos perguntar à Ana,
uma Comissária de Bordo de 34 anos de Portugal

"Minha vida cabe em uma mala"

"Toda vez que viajo para um lugar novo me sinto como uma criança. Nunca deixo de me maravilhar com a infinidade de memórias que estou criando ou com as pessoas que encontro. Cidades, praias e natureza intocada despertam em mim uma vontade intensa e me sinto muito grata por ter a sorte de ter um trabalho que atenda a esses desejos — e ainda por cima sou paga para viver esses prazeres. Na minha vida particular, vou aonde o vento me leva. Nunca planejo minhas viagens com antecedência, em vez disso prefiro que tudo seja espontâneo.

Como estou sempre com o pé na estrada, só alugo um quarto pequeno em Madri. Além de ser meu endereço residencial, também é um lugar para guardar os poucos pertences que possuo. Eu apareço na minha casa de tempos em tempos para ter certeza de que tudo está ok, mas geralmente não fico por muito tempo. O maior tempo que passei viajando, no caso sem voltar para casa, foi exatamente quatro meses.

Eu literalmente vivo viajando. Tudo o que eu quero ou preciso ter comigo cabe perfeitamente na minha mala. Ter a oportunidade de ir de um lugar para outro num instante significa que posso viver aventuras inesquecíveis. Eu fico totalmente deslumbrada por pores do sol paradisíacos, águas ondulantes, viagens inspiradoras, jardins magníficos e maravilhas naturais incríveis. Poder vivenciar e visitar tantos destinos diferentes em tão pouco tempo realmente me atrai como se fosse uma força invisível. Ontem, por exemplo, eu mergulhei com snorkel em uma enseada remota. Era um típico dia quente de verão; o oceano estava calmo e a água cristalina. Quando a noite chegou, a pequena vila de pescadores ganhou vida. Os moradores locais se reuniram na feira, saboreando peixes grelhados e ouvindo música alta. Na verdade, estou prestes a partir novamente, a caminho do próximo destino. Quem sabe o que vou estar fazendo amanhã — talvez passeando por uma adorável cidade antiga e admirando paisagens impressionantes. E aí vou para um cantinho onde vou parar por um momento, só porque me apetece.

Tenho certeza de que chegará um momento em que minha vida será diferente. Um momento onde vou sossegar e minha família será o centro do meu mundo. Mas enquanto não houver ninguém em casa esperando por mim, posso aproveitar esse estilo de vida. Eu vivo a vida exatamente como eu gostaria — sem preocupações e sem peso na consciência. Talvez a minha próxima aventura me leve a algum lugar exótico, quem vai saber?"

Perfil de um comissário

O que você precisa para se tornar um comissário de bordo

As qualificações necessárias para se candidatar a um emprego como comissário de bordo dependem bastante de cada companhia aérea. Não existem padrões da indústria ou requisitos usados universalmente. Se você comparar diferentes companhias aéreas, logo verá como as expectativas são diferentes ou até mesmo contraditórias. Além disso, é bem comum os requisitos de admissão mudarem nessa indústria dependendo das necessidades de contratação. Portanto, vale muito a pena conferir regularmente as páginas de oportunidades de emprego nos sites das companhias aéreas.

Para ter a chance de conseguir uma vaga como comissário de bordo, você terá que demonstrar que você é profissional, sempre foca na solução e é bem-educado. Uma aparência elegante e um comportamento caloroso e amigável são igualmente importantes. Afinal, os comissários de bordo são considerados o rosto da companhia aérea.

O sucesso da companhia aérea pode depender, até certo ponto, da sua ética de trabalho pessoal. Se os passageiros se sentirem bem-vindos e valorizados quando estiverem a bordo, é mais provável que voem novamente com a companhia aérea ou, pelo menos, a recomendem. A importância do feedback positivo e da satisfação dos passageiros não deve ser subestimada. Esses fatores são importantes para a reputação da companhia aérea e para o comportamento de compra do consumidor. Para que a companhia aérea alcance este tipo de sucesso, é essencial que ela seja inclusiva e receptiva a outras culturas. Outra habilidade importante que você precisa ter é a capacidade de aplicar uma abordagem voltada para soluções quando for resolver conflitos e problemas a bordo. Os passageiros devem sempre se sentir cuidados. Isso é ainda mais importante para quem viaja na Classe Executiva ou na Primeira Classe.

Os comissários de bordo costumam ficar de pé por quatorze horas ou mais. Pode ser que você tenha que acordar no raiar do dia ou tenha que começar seu turno tarde da noite. Às vezes você estará voando durante o dia, às vezes estará no ar a noite inteira ou pelo menos parte dela. Os passageiros exigem toda a sua atenção, independentemente da hora do dia ou do seu humor. Não importa se é o seu primeiro ou último voo do dia, os passageiros continuarão a esperar o mesmo nível de serviço e a mesma simpatia. É importante que eles não consigam perceber quantos voos você já fez naquele dia.

A segurança é fundamental e é parte integrante da cultura organizacional de qualquer companhia aérea. Enquanto as companhias aéreas ditam as condições gerais para o trabalho a bordo, cabe à tripulação de cabine defender a responsabilidade social em relação aos passageiros, seus colegas tripulantes e eles próprios. Assim que iniciam o treinamento, os comissários de bordo são exigidos a saber todas as regras e regulamentos e tê-las na ponta da língua para que possam aplicá-las a qualquer momento do dia a dia de seu trabalho. Essa é a única forma de atingir o padrão desejado e realizar os procedimentos necessários de forma confiável e consciente, conforme é exigido por seus empregadores.

Ao considerar a carreira como comissário de bordo, não se esqueça de levar em conta o quão apertado é o espaço na cabine de uma aeronave. Não existe lugar dentro de um avião onde você possa ter um momento sozinho, e algumas pessoas têm dificuldade em lidar com isso. Sono irregular e ficar alternando entre turnos de dia e de noite também pode afetar seu desempenho no trabalho. Voos longos e frequentes estadias em hotéis significam que você terá que viver viajando. A ausência frequente de casa pode ser desgastante e levar você aos seus limites.

Mas essa profissão também tem muitas vantagens. Trabalhar como comissário de bordo envolve cumprir tarefas agradáveis e empolgantes em um ambiente de trabalho diverso. Você certamente não ficará entediado e as coisas que você experienciar serão lembradas por muito tempo. Cada rasto de condensação é um lembrete de que cada dia será diferente e único. Voar é mais do que apenas um trabalho. E aqueles que abandonam a profissão, por qualquer motivo que seja, muitas vezes o fazem com sentimentos contraditórios, pois levam embora consigo uma riqueza de lembranças emocionantes.

Vamos perguntar a Hannah,
uma Comissária de Bordo de 26 anos do Reino Unido

"É mais do que apenas um trabalho"

"Eles esperam que você dê 100% de si em todos os momentos e pressionam você para dar o máximo desempenho. Nas primeiras semanas foi bastante desafiador. Foi muito difícil processar tantas informações e implementar tudo corretamente ao mesmo tempo. Às vezes era muito coisa de uma vez só. Aliás, você não sabe realmente como é o trabalho até embarcar no avião pela primeira vez. Esses primeiros dias vão ser lembrados por você para sempre. É intenso, mas muito divertido também. Você conhece muitas pessoas novas e algumas delas vão estar com você durante toda a sua carreira. Seus colegas de trabalho se tornam seus amigos e, em alguns casos, até a madrinha (ou padrinho) do seu casamento! E são momentos como esses que mostram que isso é mais do que apenas um trabalho. Posso até dizer que trabalhar como comissária de bordo tem sido o melhor momento da minha vida."

O que é esperado de você

Um trabalho nos céus certamente não é um trabalho comum. Se você considera seguir essa carreira, você realmente precisa ser versátil ou pelo menos estar disposto a adquirir certas qualidades. Nem todo mundo tem o perfil para esse emprego e isso é algo a que as companhias aéreas prestam muita atenção.

Trabalho em equipe, uma boa relação com os colegas de trabalho e uma comunicação aberta entre os membros da tripulação de cabine são particularmente importantes para esta profissão. Dar apoio aos outros membros da tripulação tem prioridade máxima em todos os momentos. Ser capaz de atuar nesse nível todos os dias, dia após dia, e entregar isso em qualquer situação não é tarefa fácil, especialmente considerando que na maioria das vezes você não sabe quem vai fazer parte da sua tripulação até o início do seu turno. Durante os preparativos do voo, há pouco tempo para identificar os pontos fortes e fracos da equipe, e muito menos tempo para trabalhar suas idiossincrasias.

Os comissários de bordo lidam de mente aberta com os passageiros e toleram todos os tipos de comportamento. Mesmo aqueles a bordo cujo comportamento rude e falta de educação deixam muito a desejar devem receber o mesmo serviço com um sorriso no rosto até o momento em que saem da aeronave. Outra qualidade importante, além de ter a paciência de um santo, é a capacidade de não levar para o lado pessoal tudo o que lhe é dito.

Como comissário de bordo, você deve ter o cuidado de usar uma linguagem positiva, bem como uma linguagem corporal que diminua a tensão. Se o comportamento turbulento de um passageiro ultrapassar os limites, a situação pode exigir um "não" firme, porém amigável. O cliente pode sempre ter razão, como diz o ditado; no entanto, isso não lhes dá carta branca para serem desrespeitosos com você. Ser confiante ao interagir com estranhos é essencial se você quiser manter o controle da situação em todos os momentos, inclusive em situações que possam representar um risco. Tudo o que acontece a bordo da aeronave deve ser mantido sob controle a todo momento.

Como comissário de bordo, você tem muitas funções diferentes a bordo da aeronave. Você é um profissional de segurança, vendedor, garçom ou garçonete, ouvido amigo e conselheiro. Tudo ao mesmo tempo.

Para muitas companhias aéreas, o serviço a bordo é uma parte essencial da cultura organizacional. Quanto mais uma companhia aérea se promove como prestadora de um serviço de alta qualidade, maiores serão as expectativas dos passageiros. Os passageiros querem ser servidos e completamente mimados. É esperado que os comissários de bordo prestem um serviço com simpatia e um sorriso no rosto, permanecendo à disposição dos passageiros durante todo o voo. Eles devem ser receptivos e acessíveis, sempre atendendo às preocupações e desejos de seus passageiros.

A decisão de voar ou não com qualquer companhia aérea pode depender muito de quão completo é o serviço a bordo, por isso é muito importante que a tripulação de cabine seja sempre focada em servir e reconheça os desejos de quem está a bordo da aeronave. Também é importante ter em mente que os passageiros muitas vezes matam o tempo observando as pessoas no avião. E a parte mais visível dessa profissão é o serviço de comidas e bebidas a bordo.

Como comissário de bordo, você precisa ser capaz de trabalhar sob pressão. Essa profissão é tudo, menos fácil, e às vezes é exigente física e psicologicamente. Um ambiente de trabalho positivo ajuda você a lidar com o estresse e torna o dia a dia de todos mais leve. Isso se prova ainda mais verdade quando se trata de turnos difíceis, como voos noturnos, de fim de semana ou voos em feriados.

Esse trabalho exige características como diplomacia, autodisciplina, senso de responsabilidade, empatia e flexibilidade. A boa organização é tão crucial quanto uma conduta que valoriza o cumprimento de regras. Para que a companhia aérea tenha certeza que você possui essas características, seu nível de maturidade, assim como a sua conduta geral, é examinado com muita atenção durante o processo seletivo.

Em qualquer situação, os clientes das companhias aéreas esperam que a tripulação seja competente e acessível; uma tripulação que é compreensiva, que presta atendimento rápido e que é capaz de resolver situações difíceis. Sua capacidade de demonstrar todas essas habilidades enquanto atua como comissário de bordo tem um enorme impacto tanto na imagem da companhia aérea quanto na satisfação dos passageiros.

Personalidade importa

Para entender quais traços de personalidade um empregador buscará em um candidato, você deve dar uma olhada nas chamadas *"soft skills"*, que podem ser divididas em três categorias principais: habilidades pessoais, sociais e metódicas. De modo geral, dê à companhia aérea uma ideia dos seus pontos fortes e potenciais na área.

As **habilidades pessoais** de que você vai precisar incluem autenticidade, carisma, positividade, vontade de aprender, tolerância ao estresse, motivação, autoconfiança e um senso de responsabilidade. Ao observar o seu comportamento geral, a companhia aérea pode tirar conclusões sobre como você vai agir no dia a dia do emprego.

> **"Como membros do comitê de seleção, devemos sempre focar no todo. Se não recrutarmos durante um longo período de tempo, isso vai acabar gerando uma lacuna geracional. Além da experiência de vida, também prestamos especial atenção à personalidade dos candidatos."**
> Mary, 42, EUA

Habilidades sociais, por outro lado, se tratam de como você interage com os outros. As características específicas que se enquadram nesta categoria podem muitas vezes ser identificadas nas descrições de empregos por meio de *buzzwords* como: habilidades de trabalho em equipe, habilidades de comunicação, atenção aos detalhes, boas maneiras e habilidades de liderança. Portanto, é aconselhável se referir especificamente a essas características na sua candidatura a emprego. Ao contratar tripulantes de cabine, essas competências são cruciais, pois a capacidade de ter empatia e ter boas habilidades interpessoais é considerada indispensável neste ambiente de trabalho.

Quem tem dificuldade em interagir com pessoas de outras culturas não vai conseguir realizar suas tarefas diárias de forma satisfatória ou poderá até agir de forma inadequada.

O terceiro tipo de *soft skill*, conhecido como **habilidades metódicas**, diz se você aborda tarefas de maneira estruturada e é capaz de encontrar soluções adequadas para problemas. A companhia aérea poderá dizer pela sua candidatura o quão qualificado você é nessa área. Um currículo e uma carta de apresentação claros e completos indicarão que você tem uma abordagem organizada com o seu trabalho.

Enquanto as *soft skills* se referem aos pontos fortes que você precisa ter para ir bem no trabalho, *hard skills* é o termo utilizado para qualificações profissionais formais, ou seja, competências que são aprendidas através de formação acadêmica ou cursos de treinamento e desenvolvimento empresarial. Essas competências incluem conhecimentos gerais amplos, conhecimentos básicos sobre a indústria de viagens e turismo ou sobre administração empresarial, uma compreensão básica do setor de hospitalidade (por exemplo, setor gastronômico), assim como um bom domínio em línguas estrangeiras.

Porém, mesmo que você não atenda a todos os critérios da profissão, você não pode deixar que isso te desanime de se candidatar. É perfeitamente normal não marcar todas as caixinhas da lista ou não ter experiência em todas as áreas. A maioria dos candidatos vai estar no mesmo barco que você. E as companhias aéreas sabem que quaisquer competências que não estejam tão desenvolvidas ou que estejam totalmente ausentes podem ser aprendidas, melhoradas e adquiridas através de treinamento. Na verdade, o seu futuro empregador está bem equipado para isso. As companhias aéreas possuem programas de treinamento de funcionários que o ajudarão a estabelecer uma base sólida para o trabalho e quaisquer tarefas que o aguardam.

Mesmo que seja apenas para ver como uma companhia aérea vai avaliar suas habilidades, se candidatar a um cargo de comissário de bordo será muito benéfico para você. O feedback que você vai receber pode ser muito útil para futuras candidaturas a empregos, mesmo em outros setores, e pode ajudar você a melhorar suas chances de conseguir um bom emprego.

Por que você escolheu essa carreira?

Durante o processo seletivo, a companhia aérea irá querer saber mais sobre seus motivos pessoais. O que levou você a escolher essa carreira? Que interesses e habilidades você tem? Você gosta de trabalhar em equipe ou prefere fazer as coisas sozinho? Os turnos e períodos de descanso são como você imaginava e são compatíveis com o seu dia a dia? Quão importante é o lado financeiro das coisas para você? O quão flexível e aberto você é para mudanças? Quais são seus objetivos de carreira a longo prazo?

"Fale com o coração"
Jasmin, 19, República Tcheca

O que eu vou dizer agora vai te ajudar a saber o que esperar e a ter clareza sobre os desejos do seu coração. Para ir bem no processo seletivo você deve demonstrar sua dedicação pessoal a esta carreira. Quanto mais autêntico você for, mais você vai se destacar e maior será a probabilidade de ser escolhido. Não se deixe levar pelas inúmeras respostas supostamente corretas que você encontra online. Muitas vezes é melhor não usar essas frases genéricas, mas sim falar com o coração.

Vamos perguntar a Sylvia,
uma Comissária de Bordo de 37 anos da Nigéria

**"Depois de seis anos,
meu desejo finalmente se tornou realidade"**

"Eu era apenas uma jovem que não tinha medo de sonhar. De onde eu venho não é fácil se tornar uma comissária de bordo. É com essa profissão que muitos jovens sonham. Como a maioria das pessoas, eu não tinha dinheiro suficiente para pagar por um treinamento em uma escola particular. Mesmo assim, meus pais ainda me apoiaram em minha decisão. Tudo o que eles sempre quiseram foi que eu tivesse um bom emprego.

Para poder fazer o treinamento em uma companhia aérea sem ter que pagar do meu bolso, decidi fazer uma faculdade de informática e trabalhei em uma empresa de TI. Até que o emprego dos meus sonhos se concretizasse, passei meu tempo fazendo muitas pesquisas. Eu não queria perder nenhuma informação ou os últimos avanços da área. Meus pensamentos sempre estiveram centrados no que eu queria ter e no que queria alcançar na vida. Na minha mente, eu me imaginava trabalhando para uma das melhores companhias aéreas. E depois de seis longos anos, meu desejo mais profundo foi realizado e consegui um emprego em uma companhia aérea respeitável. Desde então, meus pais têm acompanhado ansiosamente cada passo meu. Eles estão encantados em me ver feliz! Eles estão sem dúvida entre as pessoas que mais me incentivam na vida.

E mesmo hoje em dia, as mulheres jovens ainda são quem mais pedem minhas informações de contato. Elas também me pedem conselhos sobre como podem realizar seus sonhos. E eu digo: basta se candidatar incessantemente! Se você tem um sonho, não jogue-o ao vento!"

Requisitos médicos

Os examinadores médicos da aviação — também conhecidos como examinadores aeromédicos (sigla em inglês: AMEs) — são os principais responsáveis pela saúde e bem-estar dos funcionários de companhias aéreas, bem como por julgar se os pilotos e comissários de bordo estão aptos para voar. As especificidades dessas avaliações médicas são reguladas por normas internacionais, embora na prática existam muitas vezes grandes diferenças, porque essas normas contêm apenas orientações mínimas. Na realidade, as companhias aéreas muitas vezes determinam elas próprias a extensão dos exames médicos. Dito isso, a saúde e o bem-estar geral estão sempre em primeiro lugar.

São feitos check-ups regulares com o objetivo de prevenir o desenvolvimento ou a progressão de doenças em seus primeiros sinais. Se houver qualquer indicação de que um funcionário corre o risco de ficar inapto para o trabalho, é oferecido tratamento para ajudar a prevenir isso. Na verdade, o tratamento para queixas relacionadas com a idade é especialmente importante para garantir que os funcionários mais velhos se mantenham aptos para voar. As companhias aéreas maiores geralmente têm seus próprios departamentos de medicina aeronáutica que podem ser usados como um ponto de contato para funcionários que estiverem com qualquer tipo de problema de saúde. Esses departamentos não trabalham com examinadores aeromédicos licenciados que podem ser consultados quando necessário.

Aptidão para voar

Quando você passa por um exame médico, a expectativa é que ele mostre que você está com uma boa saúde geral. Antes de você começar a trabalhar como comissário de bordo, é emitido um laudo médico de tripulante de cabine para confirmar que você está pronto para voar. Os custos para esses exames devem ser pagos do seu próprio bolso ou também podem ser cobertos pelo seu futuro empregador. Você será solicitado a preencher um formulário informando quaisquer condições médicas pré-existentes. Sob nenhuma circunstância doenças, sintomas ou tratamentos médicos de longo prazo devem ser ocultados. Esse formulário é então tomado como base para a avaliação e entrevista médica.

Esses exames focam em determinadas áreas do corpo que, se não estiverem em um funcionamento adequado, afetariam diretamente a sua capacidade de realizar seu trabalho de forma eficaz. É importante que você não tenha nenhuma condição física ou mental que possa te impedir de desempenhar suas funções com segurança. Além de limitações físicas graves, isso também inclui doenças crônicas, feridas abertas, sequelas de procedimentos cirúrgicos, assim como doenças congênitas e adquiridas.

Quando se trata de acuidade visual, os limiares variam, assim como a medição máxima de dioptrias permitida. Cada companhia aérea tem suas próprias diretrizes e critérios de aptidão. No entanto, óculos e lentes de contato podem ser usados, portanto, ter problemas de visão geralmente não é motivo para ter que abrir mão de uma carreira no setor aéreo.

> **"Quando você está dirigindo um carro, você pode parar no acostamento se não estiver se sentindo bem. Quando se trata de voar, não temos essa opção."**
> Suleiman, 23, Egito

Problemas e lesões no ouvido, nariz e garganta, por outro lado, são regulamentados de forma mais rigorosa. Danos ao canal auditivo podem resultar em um desconforto doloroso quando a pressão é equalizada durante a decolagem e o pouso. Por causa disso, infecções de ouvido devem ser evitadas a todo custo. Isso também se aplica a doenças respiratórias de todos os tipos. O funcionamento dos pulmões não deve ser comprometido ou de alguma forma debilitado, como acontece normalmente por causa de certas alergias, por exemplo. Se um candidato tiver alguma alergia ou doença que possa atrapalhar de alguma forma o serviço no ar, isso será um motivo claro para ser descartado de uma carreira no setor aéreo.

Cabe a cada pessoa individualmente garantir que sempre se mantenha saudável e apta para voar. Se curvar constantemente e levantar cargas pesadas coloca uma tensão muito grande no corpo e afeta sua saúde. Deixar de fazer exercícios suficientes para ajudar nisso pode ter um impacto negativo no sistema locomotor do corpo humano. O stress, a má nutrição, a obesidade, a falta de exercício e o tabagismo também têm um efeito negativo nos sistemas cardiovascular e respiratório. Dados os vários fatores de risco associados a uma saúde geral ruim, sua consulta médica também vai incluir dicas e sugestões sobre como incluir exercício suficiente na sua vida profissional cotidiana.

Medicamentos são só permitidos se não afetarem as tarefas operacionais de voo. Diferente de tomar um remédio no solo, alguns medicamentos podem ter efeitos indesejados no ar. A diferença de aceleração, baixa pressão do ambiente, altitude, redução da umidade, bem como alterações no clima podem afetar a eficácia do medicamento. Qualquer piora no bem-estar físico terá um impacto direto no desempenho e na velocidade de reação da pessoa afetada.

Para não pôr em perigo a segurança a bordo, substâncias viciantes são sujeitas a regulamentações rigorosas. E com razão. O uso de drogas ou substâncias controladas é estritamente proibido e sujeito a punições pela legislação trabalhista ou mesmo pela legislação aeronáutica. Além de demissão ou multa, você também corre o risco de estar violando diretamente as leis do país em que você está, resultando potencialmente em penas de prisão de vários anos ou pior. Para evitar isso, os futuros comissários de bordo são informados da proibição dessas substâncias logo no início da sua carreira. Em relação a isso, algumas companhias aéreas fazem exames de sangue obrigatórios que mostram não só a presença de substâncias proibidas, mas também infecções e doenças como o HIV.

Tendo em vista o considerável estresse e esforço que andam lado a lado com trabalhar em viagens aéreas, uma infecção pelo HIV enfraqueceria ainda mais o corpo. Dado o quão importante é proteger a si mesmo e aos outros quando se trata de decidir quais doenças são permitidas e quais não são, uma carreira no setor aéreo para alguém com HIV só é possível se for aprovada pelo examinador médico da aviação e com o conhecimento da companhia aérea.

De modo geral, os comissários de bordo são mais propensos a doenças e lesões relacionadas ao trabalho do que pessoas que trabalham em outras profissões. Trabalhar em uma aeronave é desgastante e pode enfraquecer o sistema imunológico a longo prazo. Ficar em pé por muito tempo é cansativo e coloca muita tensão nas articulações, nos músculos e na coluna. Força e resistência também são necessárias para guardar bagagens pesadas nos compartimentos superiores e empurrar o carrinho, que às vezes também é pesado, pela cabine. Como se esse esforço não bastasse, o corpo também tem de ser capaz de lidar com horários de trabalho em constante mudança e diferentes fusos horários e zonas climáticas.

Prova de suas qualificações e outros documentos comprovativos

As companhias aéreas geralmente exigem que você forneça todos os documentos comprobatórios como prova de quaisquer habilidades ou qualificações adquiridas até o momento. Cópias dos certificados de conclusão de estudos e formações ou diploma universitário são apresentados previamente junto com o seu currículo; ou em vez disso, os originais são entregues pessoalmente no dia de sua entrevista. Como regra geral, diplomas, certificados e outros documentos somente devem ser apresentados se forem realmente relevantes para o futuro empregador.

Se você tiver experiência profissional anterior, geralmente é aconselhável anexar referências, bem como cartas de recomendação. Listar pessoas que trabalham para a companhia aérea para a qual você está se candidatando como alguém que está te indicando para o cargo pode dar uma vantagem à sua candidatura. Se você deseja trabalhar em um país onde vai precisar de uma permissão de trabalho, envie-a no início do processo de candidatura para que você se qualifique para o cargo anunciado.

> **"Nos EUA, não basta apenas ter um número de Seguro Social, ou SSN, para você poder trabalhar. Você tem que preencher muitosoutros formulários e documentos também."**
> Haley, 21, EUA

Em alguns casos, pode ser que você seja pedido para enviar um comprovante adicional de cidadania ou uma cópia de sua certidão de nascimento. Documentos como esses costumam fazer parte das verificações oficiais pessoais e de segurança, exigidas para que a companhia aérea possa emitir documentos de identidade com foto, cartões de identificação de tripulante ou autorizações de acesso, caso você passe no processo seletivo. Pessoas que trabalham em aeronaves devem ser corretas e confiáveis. Por este motivo, muitas vezes é necessário ser feito uma investigação de antecedentes, para garantir que nem registos criminais, nem delitos relacionados com álcool e drogas sejam ocultados. Certificados de conhecimentos de informática são exigidos com menos frequência, pois as companhias aéreas há muito tempo já presumem que os candidatos possuem conhecimentos básicos de TI.

A inclusão de quaisquer estudos linguísticos e estadias mais longas em países estrangeiros na sua candidatura não irá te isentar de ter que comprovar seus conhecimentos de língua estrangeira. Pode, no entanto, ter um impacto positivo no resultado de sua candidatura. O mesmo se aplica a certificados de primeiros socorros ou de treinamento profissional em natação, que são extremamente benéficos.

Habilidades linguísticas

Em praticamente nenhuma outra profissão você vai se deparar com tantos idiomas diferentes como no setor aéreo. Na verdade, quanto mais idiomas você fala, mais valioso você é como membro da equipe. Além do inglês, outras línguas oficiais de trabalho reconhecidas pela comunidade internacional do setor aéreo incluem espanhol, francês, árabe, russo e chinês.

> **"Os manuais podem estar escritos em meu idioma nativo, o espanhol, mas eles ainda querem que você seja capaz de falar inglês. É algo obrigatório nesta profissão."**
> Angela Dariana, 27, Peru

Com exceção das companhias aéreas que trabalham apenas com voos domésticos onde a língua nacional é suficiente para o uso diário, um bom domínio do inglês é considerado um pré-requisito muito importante. É indispensável tanto para compreender pessoas de culturas diferentes como para a comunicação internacional. Os passageiros não só esperam que um membro da tripulação de cabine fale outras línguas, mas, mais importante ainda, também esperam que os anúncios sejam claros e fáceis de entender. Entretanto, para você como indivíduo, dominar uma língua estrangeira é muito mais do que apenas uma coisa que vai te ajudar a ser um comissário de bordo melhor. Quanto melhor forem as suas habilidades linguísticas, mais fácil será lidar com situações cotidianas em aeroportos ou em hotéis, ou resolver problemas e aproveitar plenamente todas as cidades maravilhosas que irá visitar.

As companhias aéreas acreditam firmemente que a fluência em uma língua estrangeira significa familiaridade com a cultura dessa língua. Isso facilita a interação e a compreensão de pessoas de outras origens. Essa é uma das razões pelas quais candidatos com melhor domínio de línguas são geralmente os que conseguem o emprego; pelo menos quando se trata da língua inglesa.

Se você possui conhecimentos de outros idiomas além do inglês, não se esqueça de listá-los em seu currículo. Se você foi criado em um ambiente bilíngue, provavelmente terá uma vantagem no processo seletivo, e você deve aproveitar bastante disso. Por fim, optar por melhorar seu inglês em vez de aprender um segundo idioma não tão falado é a melhor estratégia aqui.

Requisitos de idade

Outra questão muito debatida é os diferentes limites de idade internacionais para tripulantes de cabine. Embora exista um consenso sobre a idade mínima de 18 anos — em alguns casos 21 —, a idade máxima difere de um país para outro. Embora a idade de aposentadoria seja geralmente baseada em normas nacionais, ela pode ser ajustada através de acordos especiais com sua companhia aérea.

Em alguns lugares, esse problema é contornado com a ajuda de contratos de trabalho temporários que permitem a substituição rápida e fácil de funcionários mais velhos por novos mais jovens. Esses contratos expiram automaticamente após cinco anos, por exemplo, e podem ser estendidos por períodos adicionais limitados, o que significa que a companhia aérea mantém todas as suas opções em aberto. Embora essa prática seja usada principalmente pelas companhias aéreas asiáticas, exemplos semelhantes também podem ser encontrados em outras regiões do mundo. Muitos funcionários simplesmente aceitam a incerteza que acompanha esse tipo de contrato e correm o risco de não saber o que o futuro trará em termos profissionais ou financeiros quando o contrato realmente acabar.

Requisitos de altura

Para que você possa trabalhar na cabine de um avião você precisa atender a certos requisitos de altura. Isso existe porque o espaço limitado disponível na aeronave deve ser usado de forma eficaz. Geralmente, as companhias aéreas aceitam candidatos com alturas entre 1,65 e 1,85 metros (5'2" e 6'1" pés). Em caso de dúvida, você deve perguntar diretamente à companhia aérea, pois às vezes essas são apenas orientações aproximadas.

O requisito de altura mínima existe para garantir que você possa alcançar facilmente os compartimentos superiores para ajudar os passageiros a arrumar sua bagagem de mão adequadamente e também fechar os compartimentos antes da partida. Além disso, o design compacto da cozinha faz com que alguns dos utensílios estejam localizados em gavetas superiores de armários que vão do chão até o teto da cabine, e você precisa ser capaz de alcançá-los facilmente. Por outro lado, um requisito de altura máxima para os candidatos também não é incomum. Aeronaves menores têm uma altura de cabine menor devido a suas fuselagens pequenas. Se você for muito alto, não vai conseguir andar ereto na cabine, o que tornará seu trabalho muito difícil no longo prazo.

Peso

É praticamente impossível determinar o que as companhias aéreas pensam sobre peso corporal, pois poucas divulgam as suas diretrizes internas. Para algumas, "o corpo perfeito" faz parte de seu conceito estético geral e é consequentemente um requisito importante do emprego, enquanto outras veem isso como uma discriminação contra pessoas que têm um formato corporal diferente.

O que é importante ter em mente, no entanto, é que os problemas que muitas vezes resultam de alguém ser abaixo do peso — desnutrição, distúrbios alimentares ou doenças crônicas graves — podem tornar essa pessoa inapta para voar, enquanto que ter alguns quilos acima do peso não causa problemas de saúde imediatamente. No entanto, pessoas que ganham muito peso ao longo de sua carreira, não devem se surpreender caso aconteça de serem aconselhados a fazer uma dieta.

Com tudo isso dito, não há necessidade de se preocupar. A maioria das companhias aéreas não julga seus candidatos pela sua aparência externa, mas sim pelas suas competências e capacidades. O que realmente importa é que você seja capaz de lidar com o esforço físico de voar e possa ajudar outras pessoas e a si mesmo em caso de uma emergência.

Uma aparência bem cuidada

Durante o processo seletivo, em particular, há uma pressão muito grande para parecer elegante, usar as roupas certas e causar uma impressão geral positiva. Sua roupa deve criar o look perfeito, sem distrair. Escolha uma roupa que reflita o profissionalismo espérado para o trabalho. Algo que valorize todas as partes do seu corpo e faça você se sentir confortável é essencial.

Porém, a aviação é uma indústria conservadora, então isso deve ser levado em consideração na hora de escolher suas roupas. Trajes reveladores, extravagantes, chamativos ou exagerados não são recomendados para entrevistas de emprego e, na verdade, são considerados inapropriados. Roupas sensuais com decotes profundos, minissaias de verão, tops curtos ou camisetas justas, roupas casuais ou mesmo roupas de festas não são aconselháveis em uma entrevista de emprego. Em vez disso, espera-se um visual formal ou elegante de negócios com sapatos fechados. Se você comprar sapatos novos para a entrevista, certifique-se de usá-los um pouco com antecedência para que seus pés possam se acostumar e ele fique mais confortável. Nada seria mais desconfortável do que ter seus pés doendo — e isso pode até te roubar a concentração necessária para sua entrevista.

É importante se apresentar da melhor maneira possível — e roupas limpas e cabelos recém-lavados e arrumados lhe darão a aparência bem cuidada que você precisa. Os candidatos do sexo masculino também devem se certificar de fazer a barba antes da entrevista. Piercings e tatuagens visíveis geralmente são considerados um problema. Se possível, é melhor elegantemente ocultá-los ou removê-los completamente. Existem companhias aéreas que não tomarão a decisão de contratar um candidato até saberem que tipo de arte corporal ele possui.

Aqueles que não querem abrir mão de suas joias são aconselhados a escolher peças que combinem com o traje escolhido. Anéis, pulseiras e colares grandes e chamativos são considerados inadequados. Acessórios discretos e atemporais costumam combinar mais com a aparência geral que você está querendo criar. Maquiagem leve, mãos bem cuidadas e unhas limpas completam ainda mais a sua aparência profissional tanto para o processo seletivo quanto para o seu dia a dia no trabalho.

Boas maneiras e etiqueta

Um comportamento agradável e cordial tem um efeito positivo no ambiente de trabalho. Na verdade, um bom relacionamento entre os tripulantes é uma das chaves para o sucesso no que diz respeito ao desempenho no trabalho e à reputação da companhia aérea. Essa é uma das principais razões pelas quais existe um código de conduta que os membros da tripulação devem lembrar de seguir.

Em primeiro lugar, uma boa etiqueta inclui lealdade para com o seu empregador e outros membros da tripulação. Trata-se de estar comprometido a assumir tarefas e superar desafios juntos, numa equipe construída em cima da confiança mútua. Uma companhia aérea deve poder contar com o trabalho conjunto de seus funcionários na busca dos objetivos corporativos, mesmo nos locais mais remotos. Isso inclui cumprir as obrigações por conta própria e estar preparado para deixar seus próprios interesses de lado para o bem da equipe. Uma boa etiqueta também inclui discrição e respeito pela confidencialidade. Como comissário de bordo você tem acesso a informações internas da empresa, incluindo dados confidenciais de passageiros. Como você pode imaginar, qualquer uso indevido desses dados teria consequências graves, e por conta disso as companhias aéreas exigem integridade por parte de todos os funcionários.

"Não importa se suas características faciais transmitem calor e simpatia, ou exatamente o oposto. Mantenha suas expressões faciais sempre gentis e amigáveis."
Verena, 23, Suíça

Na sua vida particular, se atrasar pode ser um pouco irritante, mas nesta profissão isso às vezes pode ter consequências muito maiores. Quando os preparativos do voo não puderem ser concluídos a tempo, você vai causar muito mais do que apenas irritar os passageiros, porque tempo é dinheiro e cada atraso custa caro para a companhia aérea. Pontualidade é uma das coisas mais importantes na indústria da aviação, pelo menos para os funcionários. Nas operações diárias de voo, já existem fatores suficientes que podem atrasar uma partida programada, como tempestades que atrasam as operações. No entanto, esses fatores estão além do controle da companhia aérea. Isso torna poder contar com seus funcionários uma coisa ainda mais importante. Isso inclui, por exemplo, ser pontual em transferências de aeroporto. Você e seus colegas de tripulação devem estar esperando em frente ao hotel no horário de embarque combinado. Se você chegar tarde demais, você vai colocar não só você para correr contra o tempo para fazer todas as tarefas, mas também todos os outros passageiros.

Ao lidar com viajantes aéreos, qualidades como boas maneiras, confiabilidade, consideração e educação são o mínimo necessário. Os passageiros a bordo esperam uma conduta adequada vindo de seus comissários de bordo e veem isso como um reflexo do nível de profissionalismo da companhia aérea. Além disso, boas maneiras te dão um ar de autoridade natural que lhe será útil em muitas situações.

Processo de recrutamento

Seja estratégico!

Quando estão procurando novos tripulantes de cabine, as companhias aéreas recorrem às plataformas habituais, colocam anúncios online e em jornais, e divulgam na televisão e no rádio. Esses anúncios típicos podem ser encontrados em sites de busca de emprego, bem como nos próprios sites das companhias aéreas. Algumas companhias também delegam a procura de novos funcionários a agências de recrutamento, que funcionam como um intermediário entre quem está buscando esses empregos e a companhia aérea. Entretanto, uma empresa externa desse tipo não é uma desvantagem para você. Pelo contrário, essas agências trabalham usando um modelo "pay for performance" (recompensa por desempenho) e têm um interesse genuíno em você ser contratado.

No mundo de hoje, o sucesso profissional não é mais apenas uma questão de sorte. É claro que uma boa dose de sorte não faz mal — e pode te colocar no lugar certo na hora certa. Mas, no geral, uma carreira de sucesso envolve trabalho árduo, um certo nível de habilidade e uma preparação inteligente para os desafios que você encontra. Se você quiser que sua procura de emprego seja mais do que uma questão de esperar, torcer e confiar no destino, você precisa adotar uma abordagem estratégica. O mercado de trabalho tem muito a oferecer. Então, com um pouco de paciência, oportunidades irão se abrir para cada candidato. O importante é reconhecer e aproveitar as oportunidades que se apresentam.

> "O momento perfeito para iniciar uma carreira
> como comissário de bordo é quando você é jovem.
> Existem muitas oportunidades interessantes
> e o salário inicial também é bastante atrativo."
> Jacqueline, 39, Bolívia

Como a maioria das indústrias, a aviação está evoluindo rapidamente. Os tipos de relações de trabalho mudaram várias vezes ao longo dos anos, assim como as normas que regem as jornadas de trabalho. Se você não ficar atento, vai perder os últimos avanços. É por isso que é importante se manter atualizado e ficar de olho no que está acontecendo na indústria. Se você não estiver devidamente informado, infelizmente as oportunidades de carreira poderão passar despercebidas por você. Se você vai trabalhar no setor aéreo, precisará estar preparado para constantes mudanças e ajustes — isso é parte integrante da profissão. Para poder saber quais são as principais tendências do mercado de trabalho em qualquer momento, é necessário observar de perto o desenvolvimento e pesquisar.

Mas não basta apenas ficar atento às últimas tendências do mercado de trabalho. Companhias aéreas são muito mais do que apenas prestadoras de serviços no setor de transportes. Em primeiro lugar, são empresas que valorizam e são movidas por avanços tecnológicos. Portanto, é melhor tentar sempre ficar por dentro e acompanhar as últimas inovações técnicas. Estar familiarizado com computadores ou tablets não é mais uma vantagem, mas sim um pré-requisito. Escalas de serviço, informações de voo e *timesheets* são apenas algumas das coisas que agora são trocadas entre empresa e funcionário por meio de computadores ou celulares quase que por padrão.

Candidatar-se a um emprego significa aceitar desafios e se aventurar por um caminho diferente, muitas vezes desconhecido. Coragem, determinação, perseverança e pensamento positivo podem ser a chave para uma nova carreira.

Faça um esforço consciente para abandonar velhos hábitos e arrisque tentar algo novo. Porque mesmo que esses comportamentos o tenham servido bem no passado, isso não significa que garantirão sucesso no futuro. Pelo contrário, esses padrões de pensamento e estratégias muitas vezes surgem do medo do desconhecido e podem acabar significando que você não está dando o melhor de si.

Não deixe que circunstâncias externas ou mesmo prejulgamentos o dissuadam de se candidatar. Em vez disso, tenha confiança e coragem para descobrir por si mesmo. Existem relatos negativos na internet e às vezes até na mídia sobre todas as empresas e isso pode fazer você duvidar do caminho que escolheu. Por outro lado, relatos positivos e cheios de elogios feitos pela mídia significam que algumas companhias aéreas são bastante admiradas e respeitadas pelas pessoas, enquanto outras permanecem um pouco desconhecidas. Não se precipite descartando essas empresas como potenciais empregadores — seu futuro empregador poderia muito bem ser uma dessas companhias aéreas menos conhecidas. Mas você só descobrirá se for candidato. Afinal, quem não arrisca não petisca.

Você conhece o mercado de trabalho oculto?

Quando você está procurando emprego, nem é preciso dizer que você quer estar no radar do empregador de sua preferência. Mas nem sempre isso é possível e é preciso procurar uma alternativa. Uma coisa que ajuda muito é saber que muitos dos empregos que estão disponíveis não são realmente anunciados. Em outras palavras, existem empregos bem debaixo do seu nariz que você não consegue ver porque não sabe o que procurar.

Em geral, é útil acompanhar com bastante atenção o mercado de trabalho. Isso pode ser feito de diversas maneiras, por exemplo, ficando de olho nos sites das agências de recrutamento que reúnem candidatos profissionais e empresas, e verificando regularmente as informações relevantes do setor. Você também pode conferir as redes sociais e jornais locais. Artigos em revistas de negócios sobre planos de crescimento e novas companhias aéreas emergentes podem também te dar um indicativo que novas oportunidades de emprego estão por vir. Você também pode conferir os catálogos de exposições em feiras e eventos de aviação para obter informações de contato de empresas menos conhecidas.

Uma das dicas mais valiosas sempre vai ser fazer networking com pessoas de dentro do setor. É fazendo isso que você ouvirá conselhos de valor inestimável, relatos pessoais e informações privilegiadas que o deixarão um passo mais perto do seu objetivo profissional. Essa pode ser também uma forma de descobrir um emprego que não está sendo divulgado publicamente. Empresas de pequeno e médio porte procuram manter os custos e esforços organizacionais ao mínimo, e por exemplo, costumam contratar através de contatos pessoais ou redes de networking. Se você deseja estabelecer contatos com quem está por dentro do assunto e sabe de informações privilegiadas, você pode usar as redes sociais para se conectar com pessoas do setor. Você também pode seguir as redes sociais oficiais das companhias aéreas para ficar sabendo diretamente sobre as vagas de emprego abertas.

Não se concentre apenas nas empresas grandes e conhecidas, mas procure especificamente por companhias aéreas menores ou especializadas em áreas diferentes, por exemplo, em viagens em jatos particulares e executivos ou aquelas que trabalham com voos fretados. Em rotas curtas e de menor volume, você encontrará companhias aéreas que atendem o mercado com aeronaves comerciais menores. Essas empresas são especializadas em voos domésticos e regionais. Essas companhias aéreas normalmente têm frotas pequenas e um pequeno número de funcionários e destinos de voo. A baixa demanda por esse nicho de mercado significa que você enfrentará menos concorrência. Nesse tipo de ambiente de trabalho, as rotas dos voos raramente mudam, mas em compensação você teria uma jornada de trabalho mais normal e folgas mais previsíveis. Essas empresas não conseguem competir com companhias aéreas internacionais quando se trata de reconhecimento de marca ou número de passageiros — e esses fatores influenciam o número de candidatos para as vagas, o que significa que essa pode ser a sua chance de conseguir o emprego!

Ao contrário dos voos regulares, as companhias aéreas charter (voos fretados) não voam para os seus destinos com base em horários fixos. Quando e para onde essas aeronaves voam é decidido apenas pelo cliente. Em muitos casos, são operadores turísticos que levam a sua clientela a diversos destinos através de viagens organizadas, um modelo de negócio bastante lucrativo, diga-se de passagem, principalmente na alta temporada. Isso inclui os chamados voos charter ad hoc, onde uma aeronave junto com sua tripulação é reservada para voos especiais de última hora ou voos especiais únicos. Outra oportunidade de fazer carreira na aviação é trabalhar no transporte corporativo, onde funcionários de empresas são transportados de um local para outro, por exemplo. Se você pesquisar especificamente por esses tipos de companhias aéreas, logo encontrará algumas que, de outra maneira, teriam passado despercebidas.

Dar uma olhada no cenário dos jatos particulares e executivos também aumentará suas chances de encontrar um emprego. Quanto mais conhecimento você tiver sobre as diferentes oportunidades de trabalho, mais possibilidades surgirão. Enquanto as informações de contato das companhias aéreas são geralmente mais fáceis de encontrar, informações de contato de empresas de jatos particulares geralmente vão precisar de uma pesquisa mais direcionada para serem encontradas. A simples dica a seguir pode ser bastante útil para você: tendo em mente que um dos diferenciais desse setor é a sua proteção da privacidade, para encontrar as informações que você está procurando você vai precisar consultar registros de aeronaves, bem como os sites de agências, intermediários e corretores. Ficar de olho em vagas para cargos de piloto também pode ser uma estratégia boa. Devido ao treinamento mais longo dos pilotos, essas vagas são frequentemente anunciadas antes das vagas para tripulantes de cabine.

Vamos perguntar a Catarina,
uma Comissária de Bordo de 35 anos de Portugal

"Se você tem determinação, então tem jeito"

"Com meus pais morando em dois lugares diferentes, eu fui criada para ser uma viajante solitária. O que o cartão de fidelidade prateado ou dourado é para os viajantes frequentes, a bolsinha de menores desacompanhados foi para mim. Ela basicamente representava meus inúmeros voos. Eu recebi muita atenção quando criança. Pode se dizer que eu descobri muito cedo os segredos da aviação, porque eu adquiri muito conhecimento geral naquela época. Eu entendia todos os pontos fortes e fracos. Naquela época, eu realmente queria ser uma comissária de bordo. Esse desejo foi se enfraquecendo à medida que eu envelhecia. Em vez disso, estudei gestão de turismo e estava indo ganhar dinheiro na indústria hoteleira de luxo. Naquele momento, eu pensei que era isso, eu estava vivendo o sonho. Mas aos 26 anos meu sonho de infância ganhou vida novamente. De repente, eu quis seguir minha antiga aspiração de me tornar comissária de bordo novamente. Eu me candidatei a uma vaga em uma companhia aérea estatal e recebi uma oferta de emprego pela primeira vez. Eu tinha alcançado meu objetivo? Longe disso!

Em poucos dias, tive que entregar todos os documentos à sede da companhia aérea. Porém, houve problemas com um dos documentos e eu acabei tendo que correr contra o tempo para entregá-lo dentro do prazo da companhia aérea. Infelizmente, não consegui resolver a tempo e outra pessoa foi recrutada em meu lugar. Decepcionada, mas de forma alguma desanimada, me candidatei a outras companhias aéreas. Se você tem determinação, então tem jeito, eu acreditava nisso firmemente. E eu realmente recebi ofertas. Foi preciso apenas mais algumas candidaturas para encontrar a companhia aérea certa para mim e começar a viver o meu sonho."

Escolhendo a companhia aérea certa

Encontrar o emprego certo às vezes pode ser mais difícil do que você imagina. Como alguém de fora, muitas coisas parecem bastante diferentes de como elas são na realidade, e isso torna muito difícil saber de forma precisa como seu potencial futuro empregador realmente é antes de conhecê-lo. Nem é preciso dizer que, para quem já está dentro da indústria e deseja mudar de empregador, tende a ser mais fácil encontrar a opção certa. Dito isto, existem estratégias que você pode usar para descobrir se uma candidatura para a companhia aérea A seria melhor para o seu futuro do que para a companhia aérea B, por exemplo.

Não há dúvida de que um salário decente é importante. No entanto, a felicidade a longo prazo envolve mais do que um salário bom. Depois de se estabelecer no seu novo emprego, as suas oportunidades de desenvolvimento pessoal e profissional começarão a se tornar mais importantes para você, assim como o fato de estar se sentindo satisfeito e feliz. Quando se trata de felicidade pessoal e de uma sensação duradoura de realização, um ambiente de trabalho positivo é muito mais importante do que dinheiro.

Se observarmos o tamanho de uma companhia aérea, existem certas características que distinguem as grandes companhias aéreas das menores. É importante pesar os pontos fortes e fracos levando em conta suas próprias expectativas. Tente não se deixar influenciar muito pela possibilidade de um salário alto.

A maioria das pessoas está familiarizada com as principais companhias aéreas internacionais ou "transportadoras de bandeira", como são conhecidas. Quanto melhor for a reputação, mais atenção essas empresas atraem e mais candidatos vão estar competindo por um cargo. As grandes companhias aéreas usam vários tipos de benefícios e descontos generosos em passagens aéreas para atrair novos funcionários. Suas extensas redes de rotas também oferecem muita variedade e a oportunidade de conhecer milhares de regiões e cidades ao redor do mundo sem grandes custos. Uma grande frota de aeronaves ou mesmo uma mistura de diferentes tipos de aviões são mais um incentivo em um ambiente de trabalho que já é empolgante por si só. Essas grandes empresas também possuem muitos departamentos diferentes, o que significa que oferecem uma maior variedade de oportunidades de treinamento e boas perspectivas de progressão na carreira.

Se você deseja trabalhar para uma das principais companhias aéreas, vai precisar de muita paciência e perseverança, porque essas empresas são tão populares que nunca faltam candidatos. Um dos aspectos negativos, entretanto, é que na maioria das vezes há muito mais obstáculos a serem superados para conseguir um emprego em uma dessas companhias aéreas. Essas empresas usam processos seletivos longos e com vários estágios para encontrar as pessoas mais adequadas para o trabalho.

Se a companhia aérea tiver muitos funcionários, as hierarquias internas e a cultura competitiva serão muito mais distintas do que nas companhias aéreas pequenas. Na maioria das vezes, você só terá contato com seu gerente direto, mas não com a gerência sênior. Processos de tomada de decisão demorados, menos autonomia e menos flexibilidade no que diz respeito aos seus métodos de trabalho individuais são parte integrante do trabalho nessas companhias aéreas.

Em comparação, nas companhias aéreas menores, é esperado que os comissários de bordo sejam bastante versáteis. Não é incomum que assumam tarefas fora de suas obrigações temporariamente ou mesmo por períodos mais longos. Os departamentos individuais são menos desconectados, as hierarquias são geralmente mais planas e o trabalho em equipe é encorajado de forma mais ativa. Os funcionários de companhias aéreas menores costumam descrever o trabalho como fazer parte de uma grande família.

No entanto, as companhias aéreas menores não oferecem boas perspectivas de carreira e há menos oportunidades de mudar de cargo dentro da empresa. Além disso, as pequenas companhias aéreas tendem a esperar mais flexibilidade por parte dos seus funcionários. O contato direto que os funcionários têm entre si faz com que se sintam mais conectados com a gestão e com a empresa. Uma consequência positiva disso é que torna as pessoas mais dispostas a se esforçarem além do comum.

Além das companhias aéreas tradicionais, novas companhias aéreas aparecem no mercado todos os anos. Algumas delas realmente conseguem se tornar uma parte permanente do diversificado cenário das companhias aéreas, enquanto outras desaparecem tão rapidamente quanto surgiram. Mas isso não deve te impedir de tentar a sorte com companhias aéreas desconhecidas ou recém-fundadas.

E depois de você ter escolhido uma companhia aérea, seja ela pequena ou grande, lembre-se de que não precisa ser para sempre. Não há nada que impeça comissários de bordo experientes de mudar de companhia aérea, mas sempre se lembre de aprender e juntar o máximo de informação possível sobre a companhia aérea que você quer mudar com antecedência. Isso vai te ajudar a garantir que você se sinta satisfeito com sua escolha e termine em um emprego de que goste.

Às vezes, o local onde a companhia aérea é sediada pode afetar se ela é ou não é uma boa escolha para você. Portanto, antes de se candidatar, é importante considerar seu futuro trajeto para o trabalho. Nem todas as companhias aéreas têm sede no aeroporto mais próximo. Um longo trajeto no final de um longo e agitado dia de voo pode ser exaustivo. Tráfego intenso pode aumentar esse estresse e ser potencialmente perigoso. Se a companhia aérea for sediada em outro país, você vai precisar até se mudar. Isso pode trazer novas oportunidades para você, mas uma decisão como essa deve não ser tratada como algo bobo. Se mudar para outro país para trabalhar pode muitas vezes ser uma experiência muito gratificante, mas exigirá uma certa preparação para te ajudar a se adaptar às condições locais. Nem todo mundo acha fácil se adaptar às normas e convenções, às novas leis e aos valores culturais ou religiosos de um novo país na sua vida cotidiana.

Mas antes de qualquer decisão ser tomada, você também deve examinar atentamente os valores corporativos e o histórico e contexto cultural de uma companhia aérea. Os funcionários devem ser tratados com respeito, independentemente da sua posição ou origem — e isso deve ser uma parte inerente da cultura organizacional. Você pode pensar que isso não é tão importante assim, mas, a longo prazo, esses fatores podem impactar o sucesso de sua carreira e sua satisfação no trabalho e, por fim, sua qualidade de vida geral. Vamos pegar, por exemplo, o estilo do uniforme. Se você não gostar, dificilmente se sentirá confortável usando-o. Ou se você acha que cruzar fusos horários pode afetar sua saúde, é melhor evitar empresas que operam com voos de longo-curso. De qualquer maneira, antes de tomar uma decisão, descubra quais fatores são importantes para você quando se trata de escolher seu futuro empregador e o que você deseja para sua vida e sua carreira. No longo prazo, essas são as coisas que importarão mais do que os benefícios financeiros de uma companhia aérea sobre outra.

Vamos perguntar a Sze Wan,
uma Comissária de Bordo de 30 anos de Hong Kong

"Os comissários de bordo são muito mais valorizados na Ásia"

"Para começar, eu não sabia nada sobre o setor aéreo e isso provavelmente aconteceu porque só comecei a viajar mais tarde na vida. Naquela época, para mim, uma companhia aérea era apenas uma empresa que levava você do ponto A para o B. Eu nunca tinha pensado em quão grande elas são, quais aeronaves elas usam ou no que as tornam únicas. Nesse meio-tempo, trabalhei para várias companhias aéreas e também estive em vários países diferentes.

As companhias aéreas asiáticas são extremamente hierárquicas. A interação social e as hierarquias internas são fortemente influenciadas pelos papéis tradicionais. Existe uma divisão clara entre pilotos e tripulantes de cabine, que normalmente têm muito pouco contato com a cabine de comando. Ou pelo menos não mais do que o absolutamente necessário para o trabalho. Como um novato, você tem que trabalhar duro, embora saiba o que esperar desde o início. Seu gerente direto tem um tipo de autoridade totalmente diferente. Eles dão instruções claras e lideram, o que também contêm um certo grau de subordinação. Para quem não é asiático é difícil aceitar e compreender essas hierarquias, mas mesmo os asiáticos têm dificuldade com as práticas sociais mais restritivas que são típicas de alguns países da região. Existem comissários de bordo chefes que comandam você, dizendo quando e onde você deve jantar com o restante da tripulação. Essa forma de heteronomia não é para todo mundo.

Os comissários de bordo são mais valorizados nas sociedades asiáticas do que, digamos, nos EUA ou na Europa. Apesar de que nesses dois lugares as hierarquias são mais planas e você tem mais autonomia para tomar decisões. Mas mesmo aqui as coisas não são muito bem definidas. Na Alemanha, por exemplo, bater o ponto para ir embora é tão importante para a produtividade como uma boa ética de trabalho, que é uma prioridade máxima na França. E embora para alguns países a segurança seja mais importante que tudo e defina cada ação feita, outros incentivam a inovação com todos os riscos econômicos que ela pode carregar. Na Alemanha, na Áustria e em outros países europeus, a diplomacia vai te levar longe, enquanto no Reino Unido o que importa são as qualificações e os diplomas.

Trabalhar nos EUA é de novo algo completamente diferente. O conceito de serviço deles se concentra na etiqueta como os outros, mas não foca tanto nos pequenos detalhes. O ambiente de trabalho diário pode ser descrito como descontraído e informal. É dado um enorme valor ao trabalho em equipe e em manter um ambiente de trabalho amigável. Você vai ser perguntado sobre como você está várias vezes no dia. Dito isso, o típico e casual *"Hi, how are you?"* é apenas uma das muitas cordialidades que certamente não devem ser interpretadas de modo literal. Se você responder e contar a alguém como você realmente está se sentido no dia, você com certeza irá se deparar com uma expressão muito confusa da pessoa.

Mas as diferenças vão além dos costumes culturais e sociais. Na verdade, você vai achar que os processos seletivos também são muito diferentes. Na Ásia, espera-se que você seja aberto, gentil e complacente durante uma entrevista de emprego. Você precisa irradiar um otimismo absoluto sobre conseguir o emprego e transmitir essa confiança ao seu entrevistador por meio de sua natureza agradável e alegre — e com um certo grau de entusiasmo também. As perguntas feitas provavelmente vão estar relacionadas a estudos de caso, em outras palavras, questões técnicas ou situações reais. É diferente da Europa e da América do Norte, onde se espera que você pareça uma pessoa muito extrovertida e com muita autoconfiança. Isso se deve porque as habilidades de tomada de decisão são altamente valorizadas. Todo o processo seletivo na Europa é difícil. É dada uma grande importância a você dar a resposta "certa", e é por isso que suas respostas são examinadas com bastante atenção — muito mais do que em qualquer outro lugar. Essencialmente, embora cada companhia aérea faça as coisas à sua maneira, cabe a você descobrir qual companhia aérea é a mais adequada para você e como se preparar da melhor forma para a sua entrevista."

Candidaturas a emprego não solicitadas

Existe alguma companhia aérea que você está de olho e que não tem nenhuma vaga aberta no momento? Ao contrário de inúmeros outros setores onde uma candidatura a emprego não solicitada pode aumentar suas chances de encontrar uma vaga, no setor aéreo isso não é necessariamente aconselhável. Na verdade, uma candidatura não solicitada realmente dar certo é uma coisa bem rara.

Para garantir que você não estrague suas chances desde o início, vale a pena aprender um pouco sobre como uma companhia aérea funciona nos bastidores. Se você enviar sua candidatura na hora errada, por exemplo, ela poderá acabar em uma pilha de candidaturas incompletas e geralmente inadequadas, destinadas a uma carta de rejeição. Todas essas candidaturas são coletadas e armazenadas em uma mesma pasta eletrônica. Se a companhia aérea começar um processo de recrutamento depois que você tiver feito isso, o motivo pelo qual a sua candidatura não foi bem-sucedida no passado será irrelevante. Na verdade, dificilmente alguma empresa se dará ao trabalho de descobrir por que uma candidatura foi rejeitada. Uma breve ligação para o departamento de RH antes de enviar seu currículo garantirá que isso não aconteça e vai te informar se o empregador de sua escolha vai considerar ou não candidaturas não solicitadas.

Dito isto, algumas empresas colocarão candidaturas não solicitadas numa lista de espera (que às vezes pode ser chamada de *"holding pool"*). As companhias aéreas que aceitarem essas candidaturas e não tiverem vagas disponíveis no momento ainda as considerarão na próxima vez que uma vaga for anunciada. Ter uma lista de espera à disposição dá aos gerentes de RH o benefício de ter respostas rápidas quando uma vaga fica repentinamente livre ou quando outras necessidades relativas a funcionários precisam ser atendidas.

Vagas

Você fez muitas pesquisas e teve a sorte de encontrar várias vagas promissoras. Muito bem! Mas e agora? A primeira coisa a fazer é analisar a descrição do cargo levando em conta sua personalidade e suas habilidades. Anúncios de emprego sempre te dirão algo sobre a própria companhia aérea. Como a companhia aérea se apresenta? Que afirmações são feitas sobre o tamanho da empresa, número de funcionários e sua imagem? Existe alguma informação sobre salário, benefícios e oportunidades de desenvolvimento pessoal? E tudo isso está certo para você pessoalmente?

Quanto mais você conhecer suas habilidades e traços de personalidade, mais fácil será adaptar sua candidatura à companhia aérea de sua escolha. Anúncios de emprego muitas vezes vão revelar exatamente o que a companhia aérea espera de sua tripulação de cabine. Quaisquer defeitos que uma companhia aérea possa descobrir ao ler sua candidatura provavelmente serão levantadas bem no início do processo. Se você tiver uma lacuna em seu currículo, por exemplo, não espere que a companhia aérea pergunte sobre isso, mas aproveite para explicar os motivos disso de forma antecipada na sua carta de apresentação.

Dado o número de candidaturas que as companhias aéreas recebem, geralmente pode levar algum tempo para que a sua seja processada. Tente ser paciente e não ficar ligando toda hora para a companhia aérea para saber como estão as candidaturas. Somente se você tiver a sensação de que há algum tipo de atraso é que é correto perguntar de forma educada. Fazendo isso, você não apenas vai ser lembrado por eles por motivos positivos, mas também estará afirmando seu interesse em trabalhar para eles.

Vamos perguntar a Kyla,
uma Comissária de Bordo de 21 anos da África do Sul

"Será hoje seu dia de sorte?"

"Se alguém disser que você não é capaz de algo, isso nunca deve fazer você parar de acreditar em si mesmo. No meu caso, havia na verdade duas boas razões pelas quais eu não deveria ter conseguido o emprego — mas ainda assim tive sucesso.

Quando me candidatei a um emprego como comissária de bordo, eu tinha apenas dezoito anos. Eu sabia que a companhia aérea não estava interessada em recrutar mulheres jovens como tripulantes de cabine. As regulamentações na África do Sul são rigorosas, muito mais rigorosas do que em qualquer outro lugar. E existe um pensamento de que apenas as tripulantes de cabine mais velhas seriam capazes de conquistar o respeito dos passageiros. Uma das fórmulas mágicas para entrevistas na África do Sul é ter confiança, mas não ser confiante demais. Você deve parecer alguém com autoridade de forma natural. Você precisa ser capaz de dar instruções claras e firmes. Isso é ainda mais importante se você estiver voando com uma das companhias aéreas regionais que, devido à capacidade limitada de assentos dos aviões menores, você é o único comissário a bordo. Você não tem escolha a não ser assumir a liderança. Essa é a habilidade que eles procuram em você. Mas eu nem cheguei nesse ponto. Minha candidatura foi rejeitada imediatamente.

Além da minha idade, havia um segundo obstáculo a superar. Eu precisava de dinheiro, então eu peguei um emprego no aeroporto. Em quase todos os outros lugares do mundo, isso seria considerado uma experiência valiosa para quem quer ser comissária de bordo. No entanto, quando enviei minha candidatura, teve o efeito oposto. Os funcionários de terra do aeroporto não deveriam ser treinados como tripulantes de cabine.

Eu não estava disposta a simplesmente aceitar isso sem fazer nada. Eu sabia que tinha que fazer alguma coisa. E para mim, fazer alguma coisa significa realmente ultrapassar os limites do que é possível. A partir daquele momento, comecei a carregar meu currículo comigo o tempo todo, quer estivesse numa cafeteria, no terminal do aeroporto, no corredor no lado de fora dos escritórios, no elevador ou onde quer que fosse. Eu estava sempre preparada, esperando para entregar meu currículo a alguém.

Eu ficava esperando em lugares onde poderia esbarrar em alguém. Eu estava apenas esperando a oportunidade que me abriria a porta para o sucesso. Eu não estava fixada em uma solução predefinida. Eu não precisava saber como exatamente eu iria alcançar meu objetivo. Tudo que eu precisava fazer era estar pronta, e eu dizia baixinho a mim mesmo o tempo todo: e aí, será que hoje vai ser seu dia de sorte?"

Documentos de candidatura escritos

Quando você escreve uma candidatura a emprego, você está basicamente se vendendo. Formulários online dão às companhias aéreas a oportunidade de obter dados sobre os candidatos de forma estruturada e predefinida. Os campos onde você vai escrever as informações irão guiá-lo passo a passo pelo processo, onde normalmente você também será solicitado a fazer upload da sua carta de apresentação e currículo.

A parte difícil é ser convidado para uma entrevista. O erro mais comum cometido ao escrever candidaturas a emprego é não ter ciência da importância da carta de apresentação e do currículo. Fazer upload de documentos adicionais que não estão diretamente relacionados à candidatura também pode ser visto de forma negativa. Em vez disso, é importante dar o seu melhor, dar ênfase no seu potencial, conhecer o seu valor pessoal no mercado de trabalho e vender o seu peixe usando esses méritos.

Normalmente, o RH não leva mais do que alguns minutos para decidir se vai rejeitar ou não um candidato. Esse é o tempo que se leva para avaliar um candidato. Em outras palavras, as primeiras impressões são muito importantes — e é isso que vai determinar se seus documentos vão te levar à fase de entrevista ou resultarão em uma carta de rejeição.

Sua candidatura escrita deve, portanto, ser o mais fácil de ler, mais claro e mais informativo possível. De modo ideal, tanto o layout como o conteúdo devem ser adaptados ao anúncio do emprego e, portanto, à companhia aérea. O layout não deve ser muito criativo ou complicado. Você poderia, por exemplo, tentar alinhá-lo com a marca corporativa da companhia aérea. As companhias aéreas gostam de clareza e estrutura. Na maioria das vezes, menos é mais!

Ao contrário do que a maioria das pessoas pensam, em muitos casos não são as suas qualificações profissionais, mas sim as suas competências pessoais e sociais que inclinam a balança a seu favor e lhe garantem uma entrevista. Portanto, é aconselhável focar exatamente nas habilidades que são importantes para o trabalho como comissário de bordo. Isso inclui fortes habilidades de comunicação, vontade de servir, boas habilidades de trabalho em equipe e disposição para resolver conflitos.

Uma candidatura nunca deve ser enviada com pressa ou sem ter sido revisada. Definitivamente você deveria ouvir a opinião de outra pessoa, porque alguém de fora pode lhe dar dicas e fornecer um feedback valioso sobre os documentos da sua candidatura. Além disso, é mais provável que alguém que não tenha lido seu texto com a mesma frequência que você perceba erros ortográficos e gramaticais.

Carta de apresentação – ideias e dicas

Companhias aéreas e empresas de recrutamento recebem normalmente um volume extremamente alto de candidaturas. Quando a concorrência é acirrada, muitas vezes são os pequenos detalhes que determinam o sucesso ou o fracasso de sua candidatura. Grandes problemas ortográficos, por exemplo, muitas vezes resultam em rejeição. Embora que com base nisso não tenha como tirar conclusões sobre a sua personalidade e muito menos sobre sua futura ética de trabalho, é, no entanto, um parâmetro simples e fácil que as companhias aéreas usam para filtrar as candidaturas nesse momento.

Toda companhia aérea espera que você tenha pensado bastante em como você deseja se apresentar como candidato e no emprego que quer conseguir. Essa primeira impressão positiva pode ser transmitida na sua candidatura escrita, por exemplo, incluindo uma referência pessoal escrita por outra pessoa. Uma boa estratégia, por exemplo, seria expressar habilmente o seu interesse na frota ou rede de rotas específica da sua companhia aérea de escolha. Com algumas poucas palavras você pode mostrar que sabe o que a empresa representa e o que ela tem a oferecer.

Sob nenhuma circunstância os documentos de candidatura devem dar a impressão de que você se candidatou por puro desespero. Pode muito bem ser que todas as suas tentativas de conseguir um emprego como comissário de bordo tenham falhado até o momento, mas um potencial empregador nunca deve conseguir sentir ou pressupor isso do contexto. Porque isso levantaria imediatamente a dúvida de por que não deu certo até agora. O departamento de RH verá você, e não as circunstâncias externas, como o motivo.

As companhias aéreas gostam que o conteúdo dos documentos de candidatura tenha uma estrutura clara e fácil de compreender. Ao contrário do que a maioria das pessoas pensam, muito texto não terá o efeito desejado. Menos é mais, e isso se aplica particularmente ao tamanho da sua carta de apresentação e do seu currículo. Para cada documento, o conteúdo não deve exceder uma página A4. Tente chegar ao cerne do que você quer dizer de uma forma embelezada, mas não exagerada. Nada vai te aproximar mais do seu objetivo do que uma representação autêntica de quem você é. Mostre quem você realmente é, não quem você quer ser.

Se possível, não copie frases genéricas da internet. Os recrutadores reconhecerão a maioria delas em um instante. Sua candidatura não deve parecer ser feita de clichês de currículos de outras pessoas. Uma candidatura repleta de meras platitudes também não causará uma boa impressão. A melhor maneira de se destacar na multidão e chamar a atenção para si é ajustar e melhorar as frases para fazer com que suas próprias palavras reflitam sua personalidade.

Vamos perguntar a Sofia,
uma Comissária de Bordo de 29 anos da Espanha

"Mostre a eles do que você é capaz!"

"Tem gente que envia candidatura para a mesma empresa cinco ou seis vezes. Num caso específico, até ouvi falar de alguém que tentou nove vezes! As pessoas fazem isso na esperança de que em algum momento a sorte esteja do seu lado. Eles podem estar demonstrando perseverança, mas sem saber, cometem os mesmos erros repetidamente.

Eu amo aviões desde quando eu era criança. Eu os acho fascinantes. Graças aos aviões, posso conhecer grande parte do mundo, fazer novos amigos e viver aventuras maravilhosas. Até hoje, ainda tenho esse amor por viajar. Mas o que tudo isso tem a ver com os documentos da sua candidatura?

Meu conselho é simples. Deixe seus sentimentos, seus sonhos e seu entusiasmo brilharem através das palavras que você escreve em uma candidatura. O leitor deve sentir que você está determinado a conseguir uma resposta positiva. A companhia aérea deve ter certeza de que você realmente quer o emprego.

A sua candidatura vai estar em uma pilha de outras candidaturas que serão analisadas por um recrutador que passa a maior parte do tempo fazendo só isso. Portanto, não se esqueça de se fazer parecer interessante. Seja inteligente na forma como você se apresenta e escreva uma candidatura sofisticada, mas não exagere. Mostre emoções à companhia aérea, mostre do que você é capaz e deixe claro que você está correndo atrás do seu sonho."

Escrevendo uma candidatura
– como estruturar o conteúdo

Uma forma descomplicada, adequada e eficaz de iniciar sua carta de apresentação é mencionar a vaga de emprego, usando o texto exato do anúncio do cargo.

Uma breve introdução é então seguida pela parte informativa principal da sua candidatura. Aqui, as companhias aéreas gostariam de saber mais sobre sua trajetória profissional até o momento, bem como as competências que você adquiriu. Sua escolaridade e diplomas devem ser listados, como também qualquer experiência profissional anterior. Embora isso seja encontrado de forma semelhante no seu currículo, essa duplicação é perfeitamente normal. Inclua tudo de positivo que há para saber sobre você. Desde que as informações fornecidas sejam honestas, qualquer tipo de autopromoção é permitido.

O objetivo da sua candidatura é impressionar. Essa é a sua chance de mostrar que você é o candidato certo para o emprego. São necessários apenas alguns bons atributos para criar uma impressão positiva, mas apenas certifique-se de ter evidências para respaldá-los. Incluir exemplos de sua experiência e qualificações vai ajudar a criar uma impressão geral autêntica.

> "Escrever uma candidatura a emprego pode ser muito estressante e exige tempo e energia. Naturalmente, eu queria causar uma boa impressão, mas definitivamente não queria dar uma falsa imagem de mim mesma."
> Suriani, 19, Malásia

Não distorça fatos e evite meias-verdades a todo custo. O departamento de RH deve ter a sensação de que está lendo uma análise coerente de sua vida profissional, e não de que está sendo enganado por qualificações e características fabricadas. A motivação pessoal que te levou a se candidatar e seu entusiasmo pelo seu futuro emprego devem ser sentidos em todos os momentos. Se preferir, você pode falar sobre seus objetivos de carreira. Esses objetivos devem estar de acordo com o que a companhia aérea tem a oferecer. Uma extensa rede de rotas pode estar muito de acordo com o seu interesse em viagens, por exemplo. Você pode encontrar muitas outras maneiras de incorporar uma referência à empresa estudando o site da companhia aérea, entrando em contato com funcionários ou pesquisando artigos de imprensa na internet.

Na última parte da carta de apresentação, você pode responder a quaisquer perguntas que possam ter sido feitas no anúncio de emprego, como em qual local (base) você deseja trabalhar e se deseja trabalhar em período integral ou com horário reduzido. A propósito, não é comum dizer as suas expectativas salariais, pois geralmente não existe possibilidade de negociação.

Por fim, a frase final lhe dá a oportunidade de mostrar mais uma vez seu lado amigável e cortês. Você pode fazer isso, por exemplo, indicando que está disponível para tirar dúvidas a qualquer momento. E por último, mas não menos importante, você deve expressar o quanto está ansioso para ser convidado para uma entrevista, e não se esqueça de assinar a carta.

Seu currículo

O currículo é a peça central de cada candidatura. Seu currículo pode ajudar a preparar o caminho para o emprego dos seus sonhos, portanto, você deve se dedicar ao máximo quando for fazê-lo.

Seu currículo não deve ter mais do que uma página A4. Isso deve ser suficiente para listar todos os principais estágios relevantes da sua vida, bem como seus atributos e habilidades pessoais de forma estruturada. Suas habilidades e qualificações podem ser apresentadas claramente em forma de tabela, por exemplo. Uma das maiores dificuldades aqui é saber diferenciar conteúdo importante e não importante. A regra é: quanto mais suas qualificações ou experiências anteriores atenderem aos requisitos do trabalho como comissário de bordo, mais alto eles devem classificar e aparecer no seu currículo (devem aparecer primeiro). Obviamente, estágios contam menos do que uma experiência profissional sólida, mas ainda assim devem ser listados se você não tiver nenhuma experiência profissional relevante. De novo, um design criativo raramente é uma coisa boa. Em vez disso, você deve tentar usar um layout claro e conciso.

Seus dados pessoais devem estar no topo do currículo. Isso inclui o seu nome completo, o seu endereço atual, a data e local de nascimento e a sua nacionalidade. Suas informações de contato também devem ser incluídas. Facilite ao máximo o contato da empresa com você, fornecendo um endereço de e-mail profissional e seu número de telefone.

Embora na maioria dos países seja exigida uma foto profissional para candidaturas a empregos, há regiões onde este não é o caso por razões legais. Nos EUA, na Austrália, na Irlanda e no Reino Unido, por exemplo, é importante minimizar possibilidades de preconceitos nos processos de seleção de funcionários e garantir uma avaliação imparcial dos documentos de candidatura que não seja influenciada pela aparência do candidato.

Na China e Japão, por outro lado, somente se você incluir uma foto no seu currículo a sua candidatura será considerada séria, portanto, uma foto é obrigatória nessas partes do mundo. Isso é diferente na América do Sul, África e Europa, onde ter uma foto profissional no seu currículo não é obrigatório, mas mesmo assim é bem-vindo.

Por fim, a melhor forma de descobrir o que é relevante para você e sua candidatura é consultar o site da companhia aérea ou fazer algumas pesquisas na internet. Seja qual for o caso, é aconselhável seguir as diretrizes da companhia aérea.

O alicerce de qualquer currículo são as informações sobre sua educação escolar e sua trajetória profissional até o momento. Isso inclui a listagem de qualquer formação adicional concluída e, quando aplicável, estágios e estadias no exterior. Lembre-se de listar quaisquer conquistas, sucessos e diplomas especiais de preferência em ordem cronológica.

Habilidades adicionais que são relevantes para o trabalho certamente podem ser descritas com mais detalhes. Se você nunca esteve empregado ou trabalhou apenas por um curto período de tempo, você pode embelezar um pouco suas responsabilidades. Para todas as outras pessoas, mantenha seu currículo curto e simples. Listar hobbies geralmente é opcional. Se você estiver envolvido em algo que se encaixe particularmente bem no emprego para o qual está se candidatando, sinta-se à vontade para usar isso. Estar envolvido em serviços comunitários ou praticar um esporte de times, por exemplo, terá um efeito positivo na forma como você é visto como pessoa.

Reduza ou remova quaisquer qualificações que sejam irrelevantes para o cargo de comissário de bordo para o qual você está se candidatando. Lacunas no seu currículo não devem ser ocultadas em nenhuma circunstância. Qualquer conselho contrário a isso não deve ser levado a sério e essa estratégia muitas vezes vai resultar exatamente no oposto daquilo que você está tentando alcançar. Atenha-se aos fatos e, caso alguém te pergunte, explique quaisquer lacunas de forma breve e verdadeira. Nem tudo na vida sempre corre conforme o planejado e admitir isso é um sinal de caráter. Tenha em mente que as companhias aéreas não procuram superestrelas. Elas querem te conhecer exatamente como você é. Portanto, não tenha medo de mostrar as lacunas!

Redes sociais e presença online

No mundo em que vivemos hoje, existem inúmeras tecnologias online e programas ao alcance de nossas mãos. Temos ciência das vantagens que isso nos traz, mas também da necessidade de proteger dados sensíveis, especialmente no que diz respeito à nossa privacidade. No entanto, quando se trata de como você lida com dados pessoais, depende de quão útil você considera uma plataforma. Às vezes você vai ser mais cauteloso. Em outras, você estará mais aberto para compartilhar informações.

As companhias aéreas aproveitam de todas as oportunidades disponíveis para tentar ter uma ideia de quem é o candidato. Os currículos enviados geralmente contam apenas metade da história (às vezes por um bom motivo). Diante disso, é aconselhável ter um pouco de cuidado com perfis, bios, fotos, vídeos, blogs e postagens publicamente acessíveis. Hoje em dia, os departamentos de RH nem precisam fazer muito esforço — muitas vezes, tudo o que têm de fazer é digitar os nomes dos candidatos em potencial nos mecanismos de busca e terão todas as informações necessárias para investigar a vida da pessoa com o clique de um botão.

Seu futuro empregador vai tentar descobrir mais sobre você por meio das redes sociais, então você deve usar isso a seu favor. Pense em cada rede social e site como uma espécie de cartão de visita onde você pode se vender no mercado de trabalho postando informações específicas e detalhes sobre você. E sempre reserve um tempo para gerenciar suas configurações de privacidade. No final das contas, você quer que os empregadores vejam apenas as áreas de sua vida pessoal que você gostaria que eles conhecessem.

> "Mesmo antes de me candidatar, tomei cuidado pra não compartilhar nenhum conteúdo nas redes sociais que pudesse me prejudicar. E hoje quase nunca posto nada particular. Prefiro compartilhar as imagens das minhas viagens pelo mundo."
> Chen Lu, 24, China

Quando os recrutadores se depararem com conteúdo sobre você, eles prestarão muita atenção à maneira como você se comunica e no quão bem você se adequa ao emprego. Você fala mal de ex-empregadores ou colegas? Como você interage com outras pessoas? Como você responde a comentários? As informações sobre sua educação e empregadores anteriores são corretas? Você publica comentários discriminatórios sobre gênero ou sobre a religião ou origem de outras pessoas? Há evidências de consumo excessivo de álcool ou mesmo uso de drogas? E outras informações do seu currículo podem ser verificadas? As respostas a essas perguntas revelam como você realmente é e o que os outros dizem sobre você.

Use sua criatividade para fazer bom uso desse insight. Mantenha sua página profissional atualizada e compartilhe suas qualificações, poste boas referências, mencione elogios e reconhecimentos, poste fotos que pegam o seu melhor ângulo e vídeos apropriados.

Lembranças de férias ou viagens, por exemplo, refletem seu interesse por viajar — e essa é definitivamente uma característica importante para um comissário de bordo. Você também pode se juntar a grupos de redes sociais com pessoas que tenham objetivos e qualificações profissionais semelhantes.

Agora você está começando a se preocupar pensando que cada pequeno detalhe da sua vida particular online pode ter um impacto negativo nas suas chances de conseguir um emprego? Pode ficar tranquilo. Nem todo mundo tem uma presença online que possa servir como uma espécie de currículo digital, e ser anônimo nem sempre é uma coisa ruim. No entanto, se você decidir publicar informações pessoais na Internet, é importante parecer autêntico. Na verdade, é exatamente isso que as companhias aéreas vão querer ver.

E isso não para depois que você consegue o emprego. Você ainda precisa ter cuidado com o que você publica. É natural que você queira compartilhar com as pessoas as inúmeras experiências que tem no trabalho em diversas plataformas. Não é incomum que às vezes os limites entre sua vida particular e profissional fiquem confusos. O que é crucial, no entanto, é que você não divulgue dados confidenciais sobre colegas, a empresa ou passageiros. Se você não estiver atento ao que posta, isso poderá ter consequências graves para você. Portanto, depois de conseguir o emprego dos seus sonhos, você precisará investir tanto tempo e esforço para manter sua presença online quanto fazia quando ainda era um candidato a emprego.

Como se destacar nas feiras de recrutamento

Sua candidatura foi bem-sucedida e você foi convidado para a próxima fase? Parabéns! Agora existem diferentes maneiras de proceder. As companhias aéreas muitas vezes organizam suas próprias feiras de recrutamento para maximizar o número de candidatos que podem escolher. Elas são eventos fechados e constituem a próxima e talvez a mais importante etapa do processo seletivo para você.

Esses eventos podem ocorrer em uma escala maior do que os procedimentos de recrutamento normais, mas os requisitos que você deve atender são essencialmente os mesmos. Quando você é convidado para um evento, sua competência profissional e habilidades sociais serão avaliadas, assim como seu compromisso em dar o máximo de si no seu treinamento. Os motivos que te levaram a escolher sua companhia aérea escolhida também são analisados com muita atenção. Fora isso, testes selecionados, encenações, e entrevistas também são realizadas tal como seria em um processo seletivo convencional. Representantes da companhia aérea avaliam você e aqueles que estão competindo pelo mesmo cargo em exercícios individuais e em grupo.

Esses eventos de recrutamento têm muitos nomes diferentes, desde "Conferência dos Comissários de Bordo" e "Feira de Empregos" até "Open Day", "Dia de Recrutamento" e "Dia de Avaliação de Tripulantes de Cabine" ou ainda "Seleção de Comissários de Bordo". Esses eventos, que muitas vezes acontecem em um local externo alugado especificamente para isso, são utilizados pelas companhias aéreas como uma forma de se anunciarem como potenciais empregadores. Um evento de recrutamento é uma boa oportunidade para ambos os lados se apresentarem com a máxima eficiência, porém com o mínimo esforço.

Outra ideia por trás desses eventos de recrutamento é que eles proporcionam a oportunidade de conhecer os candidatos num ambiente descontraído. Em alguns lugares, quartos de hotel elegantemente decorados são escolhidos para criar uma atmosfera informal. Os ambientes públicos onde acontecem esses eventos levam à uma falsa suposição de que um certo anonimato pode ser mantido. Mas é melhor você ter cautela aqui!

Esses eventos são organizados de uma maneira que faz com que, na verdade, ninguém desapareça na multidão. Muitas vezes você está sendo observado quando menos espera. O processo seletivo começa no momento em que você entra pela porta. A partir desse momento, cada candidato passa a ser examinado minuciosamente pelo comitê de seleção.

Qualquer forma de preparação, seja por meio de pesquisas meticulosas na internet, dicas de quem já está dentro da empresa ou recomendações gerais da companhia aérea, aumenta suas chances de avançar para a próxima fase. Sua aparência, postura e linguajar devem ser profissionais a todo momento. Para garantir que você esteja devidamente preparado, leve consigo cópias impressas dos documentos de candidatura que você enviou online — de preferência em uma pasta de documentos com uma aparência profissional. A melhor estratégia é se esforçar para ter o seu portfólio pronto alguns dias antes do evento para que você possa revisar todos os detalhes e adicionar os documentos comprovativos necessários sem pressa.

Vamos perguntar a Beatrice,
uma Comissária de Bordo de 27 anos do Reino Unido

"Você é uma especialista em segurança, não uma mera garçonete!"

"Todos nós já passamos por isso. Estudar, revisar e passar em provas. Todo mundo tem que passar por isso, seja na escola, durante uma formação, na faculdade ou até mesmo no trabalho. Fazer uma prova e ter suas habilidades testadas significa ansiedade, estresse, tensão, pressão e o medo de falhar e ou de nossa mente ficar em branco todas as vezes. Não precisa ser desse jeito!

Ao longo dos anos, tive entrevistas com grandes companhias aéreas globais, como Qantas, Virgin Atlantic Airways, British Airways, Etihad Airways e Emirates, como também com as principais empresas de jatos privados e executivos. Passei por cada processo seletivo e voltei para casa com um contrato de trabalho no bolso. Cada uma dessas empresas de nível internacional me ofereceu um emprego. Eu sempre estive na posição de poder fazer escolhas e avançar na minha carreira à minha própria maneira.

A partir do momento que nos permitimos ficar presos numa situação difícil é quando corremos inevitavelmente o risco de falhar. Temos que aproveitar as oportunidades que aparecem para nós e podemos fazer isso nos sintonizando com a companhia aérea. Existem razões pelas quais as companhias aéreas divulgam informações antes de um processo seletivo. Elas esperam que estejamos o mais preparados possível para o dia. Às vezes até nos dão dicas, ideias e conselhos, mas infelizmente nem todos usam isso a seu favor.

Em cada um dos processos seletivos pelos quais passei, percebi semelhanças notáveis com os que o precederam. As companhias aéreas procuram especialistas em segurança, não garçonetes. É por isso que elas focam em pessoas que estão à vontade consigo mesmas, que defendem com confiança os seus pontos fortes e fracos e que não se superestimam. As companhias aéreas estão interessadas em pessoas reais, não em modelos de personalidade inventados. Durante todo o processo seletivo, em seus pensamentos, eles se perguntam constantemente como iríamos nos sair em um voo de 14 horas. Quanto mais eles entendem sobre a nossa personalidade, mais clara é a imagem que têm disso. Neste trabalho, tudo se resume a do que somos capazes."

Quais testes você pode esperar?

Então, que tipo de testes você provavelmente terá que fazer em uma feira de recrutamento? Testes de conhecimentos gerais são particularmente populares. Você pode esperar perguntas sobre história, política, cultura e atualidades. Se geografia não aparecer nos testes de conhecimentos gerais, com certeza aparecerá em um teste separado. As questões de geografia concentram-se em países e suas capitais, rios, montanhas e grandes pontos turísticos. É recomendado você dar uma olhada com mais atenção nos destinos dentro da rede de rotas da companhia aérea quando estiver se preparando para o evento. Esses testes assumem a forma de provas escritas de múltipla escolha, com quatro respostas possíveis para cada questão, sendo pelo menos uma correta. O próprio nome desse tipo de teste já diz o porquê dele ser tão vantajoso — se você não tiver certeza, ainda terá a chance de escolher a resposta certa por meio do processo de eliminação. Para a companhia aérea, a vantagem dos testes de múltipla escolha é que eles são rápidos e fáceis de corrigir e os resultados são fáceis de comparar.

> **"É como se fosse uma competição.**
> **Você luta em uma rodada e passa para outra,**
> **avançando de nível."**
> Saki, 25, Japan

Testes linguísticos, que também fazem parte da agenda padrão, são usados para testar diferentes habilidades na sua língua materna, bem como em uma ou mais línguas estrangeiras. Geralmente, são testados vocabulário, gramática, expressões idiomáticas e estrutura de frases. Habilidades linguísticas de nível escolar são um pré-requisito. Auxílios como dicionários não são permitidos.

As companhias aéreas também esperam que você tenha habilidades em aritmética, embora raramente sejam testadas. Se elas forem testadas, provavelmente você será solicitado a fazer alguns cálculos básicos nas áreas de aritmética mental (conta de cabeça), problemas matemáticos ou sequências numéricas. Pode ser que você ainda esteja familiarizado com as regras aritméticas básicas dos tempos de escola ou talvez já as tenha esquecido. Uma rápida olhada em seus livros antigos definitivamente não fará mal nenhum.

Quando se trata de avaliar candidatos que não são falantes nativos, são usados testes de proficiência e concentração sem idioma. Isso pode envolver, por exemplo, reunir grupos de palavras relacionadas usando uma seleção de imagens e desenhos. Outra tarefa possível é classificar imagens de acordo com padrões definidos e encontrar o máximo de soluções possíveis sob a pressão do tempo.

Com certeza você deve tentar dar o seu melhor nos testes, mas tenha em mente que bons resultados neles não darão qualquer indicação de seu desempenho geral no processo seletivo. As conclusões das entrevistas individuais e em grupo geralmente têm muito mais peso. Mantenha-se consistente no seu desempenho e basicamente você vai ter feito tudo o que precisa para ser considerado uma opção para um cargo.

A aptidão física é determinada e avaliada por um especialista aeromédico. Geralmente é um médico ou uma equipe de médicos de diferentes especialidades. A única coisa que os recrutadores podem verificar diretamente é a altura mínima ou o alcance do braço. Os candidatos são pedidos para demonstrar brevemente sua capacidade de alcançar facilmente os compartimentos superiores, remover e repor bagagens e outros equipamentos.

As companhias aéreas investem muito tempo tentando entender melhor a personalidade dos candidatos. Isso é feito principalmente a partir de conversas, entrevistas ou exercícios em grupo, embora também sejam usados vários testes escritos de personalidade. As ideias obtidas com esses testes dão à companhia aérea mais informações para ajudá-la a tomar a decisão de te contratar ou rejeitar sua candidatura. A principal pergunta que os recrutadores se fazem é se você é adequado para trabalhar em voos e, mais importante, se você é adequado para a companhia aérea.

Qualquer pessoa que já tenha passado por um ou dois processos de teste no setor aéreo vai notar um número surpreendente de semelhanças. Os testes sempre seguem um padrão fixo, que faz gerar resultados parecidos. Portanto, se preparar especificamente para esses testes é não só possível, mas altamente recomendado. Conhecimentos, competências e habilidades cognitivas podem ser aprendidos ou aprimorados.

Alguns dos testes que você terá que fazer podem ser feitos com pouco esforço, enquanto outros exigem um alto nível de concentração. Muitas vezes, uma breve explicação introdutória será feita antes do exercício realmente começar. Isso ajuda a aliviar o nervosismo que os candidatos possam estar sentindo e lhes dá a oportunidade de se prepararem mentalmente para o teste que está por vir. É importante saber que nem todos os testes são elaborados para serem concluídos dentro do tempo estipulado — portanto, não fique triste ou desanimado caso não dê tempo de fazer tudo.

Exercícios em grupo no processo seletivo

Os exercícios em grupo são uma parte importante do processo seletivo. E embora sejam muitas vezes vistos com um grau de ceticismo pelos candidatos, são cruciais para descobrir como cada pessoa trabalha como parte de uma equipe e se ela se dá bem com os outros. Para fazer isso, você e os outros candidatos são colocados em situações onde é esperado que ajam de forma intuitiva e demonstrem uma abordagem focada em resultados. A pessoa responsável por testar os candidatos torna a situação ainda mais estressante ao levantar questões específicas durante as discussões que te colocam sob pressão para chegar a resultados tangíveis. Na realidade, não se trata do resultado final do exercício. Na verdade, é o seu esforço, trabalho em equipe e motivação que estão sendo testados.

Dois métodos são usados especialmente para esses exercícios em grupo. O primeiro e mais simples é dessa forma: é feita uma pergunta aos candidatos, que são pedidos para discutir o assunto e encontrar a melhor solução ou resultado possível.

Essa tarefa pode ser conduzida de várias formas diferentes. A seguir estão três exemplos de perguntas que podem ser feitas ao grupo: Descreva o comissário de bordo perfeito para a companhia aérea X; Quais são as vantagens/desvantagens de uma companhia aérea de baixo custo? Ou: O que os passageiros pensam sobre o impacto ambiental e a pegada ecológica da indústria da aviação?

No segundo método, todos os participantes também recebem a mesma tarefa. Porém, para tornar mais difícil, cada pessoa recebe instruções adicionais que devem levar em consideração quando for pensar nas soluções do grupo. O exercício poderia ser o seguinte, por exemplo: O grupo é pedido para criar uma companhia aérea fictícia juntos. Cada um recebe seu próprio departamento, que vai precisar de um certo número de funcionários. A companhia aérea precisaria empregar 120 pessoas para atender às necessidades de todos os departamentos. O orçamento, porém, permite no máximo 100 funcionários. Agora cabe a você encontrar uma solução inteligente que não prejudique os outros participantes, porque, no fim das contas, todos os departamentos são igualmente importantes e o objetivo é encontrar a melhor solução para os funcionários e para a companhia aérea.

Outra tarefa para as atividades em grupo poderia ser dizer quais itens você iria resgatar do avião após um acidente no deserto. Você não pode levar mais que dez itens. Na luta pela sobrevivência, cada item é extremamente importante, por isso o que realmente importa aqui é a sua comunicação e como você forma e formula opiniões.

"Não se preocupe, todos na sala estão tão nervosos quanto você. Seja você mesmo e trabalhe em equipe. Essa é a maneira de dar o seu melhor."
Alina, 23, Romania

Durante os exercícios em grupo, vários supervisores de teste vão estar de olho em você. No entanto, isso não deve ser motivo para pânico. Os supervisores decidem entre eles antecipadamente quem vai ser responsável por te avaliar — porém, não tem como saber quem é essa pessoa exatamente, então não vale a pena esquentar a cabeça com isso. Em vez disso, canalize a sua atenção e se concentre na tarefa e em como você está contribuindo para ela.

Ouvir os outros e deixá-los falar é uma das principais regras de conduta. Uma regra geral muito boa é: não assuma a liderança, mas também não se esconda na multidão. Esteja preparado para desafios desde o início. Afinal, os outros participantes também vão jogar usando estratégias. A abordagem mais eficaz é permanecer fiel à sua linha de argumentação, pelo menos por um tempo. Não deixe que a contraparte te abale. Depois de você ter a oportunidade de apresentar a sua linha de argumentação duas vezes, é hora de ajustar o seu próprio posicionamento em prol do progresso do exercício. Em hipótese alguma você deve insistir na sua opinião por muito tempo, pois isso pode ter um impacto negativo na sua avaliação. Como sempre, trata-se de um equilíbrio saudável e de demonstrar empatia. Você vai ganhar pontos se você envolver outras pessoas na conversa. Sempre preste atenção em quem está sendo mais reservado. Isso mostrará à companhia aérea que você leva a opinião de todos em consideração e que tem muito espírito de equipe.

Encenação: mais do que uma brincadeira!

A encenação também é parte integrante do processo seletivo. O que os supervisores de teste analisam aqui é como você, um futuro membro da tripulação, é capaz de representar os interesses da companhia aérea enquanto mantém os passageiros felizes ao mesmo tempo. Os cenários usados são situações de conflito típicas que você provavelmente vai se deparar como membro da tripulação de cabine.

O seu parceiro nas encenações pode ser um psicólogo profissional, um membro ativo da tripulação, um membro da equipe de escritório ou um ator profissional. O objetivo da encenação é simular uma situação real e imprevisível. E lembre-se, o que importa não é chegar em um resultado perfeito, então não se concentre apenas em tentar alcançar isso. O objetivo do exercício é examinar minuciosamente seu comportamento, sua escolha de palavras e sua linha de argumentação. A atmosfera na situação da encenação pode mudar de forma inesperada ou os níveis de estresse podem ser aumentados de propósito para te forçar a sair da sua zona de conforto. Durante todo o tempo o supervisor do teste vai estar observando sua linguagem corporal, suas expressões faciais e seus gestos.

Antes de o exercício começar, você será informado sobre qual será a situação da encenação. O cenário pode ser algo assim: um empresário está reclamando de um bebê que está chorando. Ele vai para uma reunião de negócios direto do aeroporto e precisa se preparar — mas não consegue por causa do barulho. No final do dia, ele reservou um assento na Classe Executiva para poder trabalhar com tranquilidade durante todo o voo. A mãe e o bebê estão sentados apenas duas fileiras atrás dele. Mas como a Classe Executiva está lotada, não há outro lugar para onde mover o empresário — exceto para uma fileira livre na Classe Econômica. Essa opção, porém, não é do interesse da companhia aérea nem do passageiro. O empresário que está reclamando com você é muito teimoso. Essa é sua chance de demonstrar sua habilidade e tato ao lidar com esse passageiro difícil.

Outro cenário possível pode ser um voo de longo-curso em que todo o sistema de entretenimento de bordo tenha parado de funcionar. Faltando pouco mais de sete horas para a chegada ao destino, uma mulher está reclamando alto com você. Mas não só isso! Ela também está se esforçando ao máximo para incitar os outros passageiros, tentando fazer com que eles falem o que estão achando da situação.

Ela fica exigindo que os sistemas de entretenimento sejam consertados imediatamente. Ela pagou um bom dinheiro pelo voo, diz ela, e tem direito a ter um filme para assistir. Sem nenhum engenheiro a bordo para consertar o sistema, cabe a você resolver essa situação complicada com o passageiro.

Um cenário típico de encenação é uma jovem família que está viajando de férias, mas não tem assentos próximos uns dos outros no avião. No momento do check-in todos os lugares já estavam reservados, o que significa que os pais não tiveram escolha. Para piorar as coisas, as duas crianças estão voando pela primeira vez. Nem é preciso dizer que os pais farão de tudo para conseguir fazer todo mundo da família se sentar perto. Nenhum dos passageiros parece disposto a trocar lugares para que a família possa se sentar reunida. Agora cabe a você analisar todas as opções e encontrar uma solução que deixe a família feliz.

Se os exemplos acima deixaram você um pouco apreensivo, não se preocupe! Essas encenações são algo que você pode facilmente ensaiar na sua imaginação em casa. Quanto mais você se colocar hipoteticamente nessas situações, mais argumentos e opções possíveis você pensará para resolver a situação. Não é necessário pensar em cada pequeno detalhe do que pode acontecer. Depois que você pegar as manhas do trabalho, você vai estar pronto para o que der e vier.

Durante as encenações, seu parceiro vai fazer de tudo para te levar ao seu limite. Portanto, não se surpreenda se as ideias que você tiver para resolver a situação não trouxerem o resultado que você estava esperando. O passageiro pode se revelar teimoso e sem vontade de ouvir, rejeitando todas as soluções que você apresenta. Neste contexto, é importante não enxergar o passageiro como o problema, mas sim avaliar a situação em que ele se encontra e tomar decisões.

O que você definitivamente não deve fazer é prometer coisas que nem você nem a companhia aérea podem cumprir. Se você demonstrar firmeza e resiliência e não levar nada pro lado pessoal, terá mais chances de alcançar um resultado satisfatório na encenação. Dito isto, como já foi mencionado anteriormente, resolver o problema não é o foco principal. O que importa mais é que você assuma o papel de comissário de bordo da forma mais convincente possível, e demonstre suas habilidades de liderança enquanto faz isso.

Para garantir que a encenação corra da melhor forma possível, este é o meu conselho: ouça atentamente o seu parceiro — especialmente no início, que é quando você vai conseguir reunir muitas informações sobre os motivos da reclamação. Resuma o que a pessoa te disse com suas próprias palavras e peça que ela confirme se você entendeu e repetiu tudo corretamente. Não se abale e nem fique com medo! Isso é exatamente o que seu parceiro quer! Eles podem tornar a situação mais estressante simplesmente mudando o tom ou aumentando o volume da voz. Não demonstre suas emoções e se mantenha focado em todos os momentos. Tenha duas ou mais soluções prontas, assim você vai poder ser flexível o suficiente em seu raciocínio. Qualquer solução que você tenha deve ser apresentada ao passageiro de maneira confiante, mas amigável — e não importa o que você faça, não desista de resolver o conflito.

A psicologia por trás da entrevista

No caminho para o emprego dos seus sonhos, o maior obstáculo que você terá que superar é, sem dúvida, a entrevista individual. Se você chegou até esse ponto, tudo o que precisa fazer agora é causar uma boa impressão. A entrevista é a sua chance de mostrar o que você tem de melhor e o quanto você sabe sobre seu futuro empregador. Normalmente, os seus entrevistadores terão os seus documentos de candidatura em mãos e, antes da entrevista, vão dar uma boa olhada no seu currículo.

Você já pode começar a se preparar vários dias antes da entrevista. Fique em frente ao espelho e ensaie diferentes cenários de entrevistas, por exemplo. Você certamente encontrará algo que você possa melhorar. Se coloque no lugar da companhia aérea por um momento. Você provavelmente vai conseguir adivinhar muitas perguntas com antecedência, tornando mais fácil praticar suas respostas. Organize seus pensamentos da mesma forma que você organiza seu currículo. Que formação e experiência de trabalho você tem? Qual é o seu histórico de empregos? Onde você está na sua vida hoje? Além desses fatos concretos sobre você, recomendo passar algum tempo pensando sobre os motivos que te levaram a se candidatar.

Ficar em frente ao espelho praticando fará com que sua criatividade flua e vai estimular seu desenvolvimento pessoal. A primeira coisa que você deve trabalhar é a sua postura. Mantenha o corpo ereto e você parecerá mais confiante. Se você é o tipo de pessoa que gesticula com as mãos enquanto fala, tente mantê-las à sua frente, perto da região do umbigo. Se você não tiver certeza de como ficar em pé de forma natural, relaxe os seus ombros — o restante deve vir automaticamente.

Para garantir que você esteja um passo à frente, é aconselhável dar uma conferida de novo nos seus documentos de candidatura antes da entrevista. Antes que você perceba, você estará no centro das atenções, então por que não se concentrar em si mesmo, em vez de perder tempo e energia se preocupando com o andamento da entrevista? Pensamentos negativos e dúvidas farão você parecer inseguro e você não vai conseguir dar o seu melhor. Mas não se preocupe. Quem melhor para responder perguntas sobre você do que você não é mesmo?

Nesta parte do processo seletivo, seus entrevistadores serão mais solidários. Ao contrário dos exercícios de grupo e da encenação, seus entrevistadores tentarão tornar as coisas menos estressantes para você aqui, geralmente começando com uma conversa amigável. Muitas vezes o entrevistador vai começar contando um pouco sobre a companhia aérea e te falando alguns números relacionados a voos ou ele vai te dar alguns detalhes sobre o processo de entrevista. Essa é a oportunidade perfeita para apenas ouvir, se acostumar com a situação pouco familiar e relaxar um pouco. Use esse tempo para respirar um pouco de forma lenta e profunda. Quando chegar a sua vez de falar, sua respiração vai estar calma e isso tornará sua voz forte e confiante.

Candidatos que são amigáveis, abertos e tranquilos tendem a parecer confiáveis e honestos — desde que o que digam seja plausível e faça sentido. Para não estragar essa primeira impressão, evite usar expressões subjetivas e exageros. Ao falar sobre suas qualidades, use uma linguagem positiva para conquistar seus entrevistadores. Ser autêntico, natural e honesto aumentará suas chances de a entrevista correr bem. O que você não deve fazer em hipótese alguma é distorcer fatos, mentir ou tentar enganar a companhia aérea de qualquer outra forma. Os profissionais de recursos humanos perceberão se alguma coisa estiver errada.

> "**Ninguém quer mostrar o seu lado ruim.**
> **Tenha a coragem de não esconder suas imperfeições.**"
> Isabela, 32, Brasil

Durante a entrevista, pode ser que te façam uma pergunta que o deixe um pouco desconfortável. Perguntas assim, embora feitas com a melhor das intenções, podem parecer um ataque pessoal. No final das contas, assuntos pessoais são profundamente particulares e é perfeitamente aceitável que permaneçam privados. Pode até ser verdade que o entrevistador não tenha o direito de fazer esse tipo de pergunta. No entanto, depois que uma pergunta já foi feita, você precisa lidar com ela de maneira profissional para que você possa usar a situação a seu favor. Portanto, ao se preparar para uma entrevista, reserve um tempo para identificar seus pontos fracos. Isso vai reduzir as chances de você ficar nervoso na hora. Você pode dar respostas vagas a perguntas incômodas, sem entrar em muitos detalhes. Você pode até usar humor em sua resposta. Diminua o peso da pergunta retrucando de forma inteligente e você não vai se abalar na entrevista.

Aqui está um breve exemplo para ilustrar meu ponto: digamos que você seja um pouco mais velho que os outros candidatos e durante a entrevista você sinta que os entrevistadores estão um pouco hesitantes sobre você entrar na profissão aos 35 anos. E esse é o seu calcanhar de Aquiles — na verdade, a razão pela qual sua candidatura em outra companhia aérea não foi bem-sucedida. Em vez de demonstrar seus sentimentos, explique à companhia aérea que há bons motivos pelos quais sua vida tomou um rumo diferente até agora. Você pode preferir não compartilhar seu passado com estranhos – e isso é perfeitamente compreensível. No entanto, tenha em mente que oferecer uma visão sobre o rumo que sua vida tomou irá ajudá-los a entender por que você está entrando nessa profissão tão tarde.

Explique que as circunstâncias pessoais que você viveu até o momento o levaram até onde você está agora. Que foi exatamente esse caminho que te trouxe até a entrevista. Você ganhou experiência de vida. Mencione sua experiência profissional ou empregos anteriores. Sem focar na questão da sua idade, agora você pode falar sobre suas qualidades e se concentrar em se vender. Isso vai tirar o peso de quaisquer preocupações que a companhia aérea tenha sobre sua idade e voltará a atenção para você e para todas as coisas interessantes sobre você.

Não é incomum que as entrevistas sejam realizadas por mais de um representante da companhia aérea. Certifique-se de manter contato visual com seus entrevistadores o tempo todo, se concentrando principalmente na pessoa que te fez a pergunta enquanto direciona sua resposta a todos na sala. Se um psicólogo da aviação estiver presente na entrevista, não pense que você precisa se comportar de forma diferente por causa disso. Os psicólogos da aviação são treinados para fazer avaliações profissionais rápidas. Se você fingir ser outra pessoa ao se apresentar, um psicólogo vai perceber imediatamente. Eles podem afetar seus níveis de estresse fazendo perguntas específicas, aumentando ou reduzindo conforme necessário. Seja fiel aos seus princípios a todo momento. Especialmente em situações em que você não tem certeza de qual seja a resposta certa, permaneça fiel a si mesmo.

No final da entrevista, geralmente você vai ter a oportunidade de fazer aos entrevistadores quaisquer perguntas que possa ter. Duas ou três perguntas bem preparadas são suficientes para enfatizar o quanto você quer o emprego. Se ainda não tiver sido discutido até esse ponto, você pode perguntar sobre a próxima etapa do processo ou perguntar quando a decisão de contratação será tomada.

Finalmente a resposta chega!

O longo e cansativo processo seletivo chegou ao fim — e a espera agonizante então começa. Um período de tempo cheio de esperança e medo ao mesmo tempo. Normalmente, os candidatos vão receber uma resposta alguns dias após a entrevista. Se, ao contrário do que se esperava, demorar mais, tente não se preocupar.

Se você não for um dos sortudos, é natural que se sinta chateado e desapontado. No final das contas, você se dedicou muito no processo seletivo. Você se concentrou, trabalhou duro, lutou com garra. Ter feito tudo isso por nada vai doer e deixar você se sentindo frustrado. As rejeições fazem parte da vida, por mais desagradáveis que sejam. Você não deve considerar uma rejeição um reflexo negativo de você ou de sua personalidade. E de qualquer forma, uma rejeição não precisa ser o fim da linha, é apenas uma parte do caminho. O que não deu certo hoje pode muito bem ser a receita para o sucesso amanhã. O fracasso é na verdade uma oportunidade de crescimento pessoal, desde que você lide com ele de forma profissional.

Porém, não é totalmente incomum que uma companhia aérea entre em contato com os candidatos em um momento mais distante. No final das contas, mesmo com listas de espera como reserva, as companhias aéreas não conseguem se planejar para todas as eventualidades. Pode muito bem acontecer de os candidatos da lista retirarem suas candidaturas ou não aceitarem o emprego. Afinal, existem uma série de razões pelas quais uma rejeição inicial pode ser seguida por uma oferta de emprego. Pode não ser muito comum, mas acontece sim.

De modo geral, nada o impede de se candidatar de novo no futuro se sua primeira candidatura não tiver sido bem-sucedida. Só por esta razão, é uma boa ideia manter um tom respeitoso e positivo na sua comunicação. Boas maneiras e cortesia nunca farão mal e vão aumentar suas chances de sucesso em qualquer candidatura futura. Você poderia, por exemplo, tomar a iniciativa de escrever à companhia aérea agradecendo a eles pela carta de rejeição. Essa é a oportunidade perfeita para mostrar a eles que, mesmo que desta vez você não esteja sendo considerado para um cargo, ainda ficaria feliz em trabalhar para eles no futuro. Isso demonstra não só a postura e o profissionalismo exigidos para esta profissão, mas também a sua determinação em se tornar um membro da tripulação de cabine. Você também pode usar sua carta de rejeição como motivo para pedir um feedback. Saber por que você não passou o ajudará a aprender com seus erros e a se preparar para futuros processos seletivos de maneira mais eficaz.

Mas, se por outro lado você receber uma resposta positiva da companhia aérea, a alegria e a euforia que você sentirá não terão limites. Uma vida emocionante e única espera por você. Na maioria dos casos, você será contatado por todos os tipos de departamentos para falar sobre seu treinamento e contrato de trabalho, a data de início do seu treinamento, detalhes sobre os procedimentos de treinamento e informações sobre como organizar o seu primeiro uniforme de tripulante de cabine.

Treinamento

Padrões internacionais

Você conseguiu! Você passou pelo processo seletivo. O próximo passo é ser alocado a uma vaga em um curso de treinamento disponível o mais cedo possível. Com uma duração média de seis a oito semanas, o curso pode parecer curto. Em termos de conteúdo, porém, é uma experiência desafiadora e intensa. Ao contrário do que se possa pensar, os cursos de treinamento de tripulantes de cabine não são padronizados. Na verdade, a forma como você é ensinado ou o que você aprende depende em grande parte de cada companhia aérea, assim como o conteúdo dos exercícios práticos. As companhias aéreas tiram bastante proveito disso, adaptando o treinamento ao seu próprio conjunto específico de requisitos. Por exemplo, você só vai passar por um treinamento de serviço para Classe Executiva se a companhia aérea oferecer esse serviço.

Quando se trata do treinamento, os únicos padrões mínimos que a Organização da Aviação Civil Internacional (sigla em inglês, ICAO) recomenda aos seus membros dizem respeito às normas de segurança. As companhias aéreas então desenvolvem treinamentos dedicados à segurança na aviação com base nessas diretrizes. Como resultado dessa falta de padronização, o reconhecimento formal das qualificações de treinamento às vezes pode ser um pouco complicado. Na verdade, na maioria dos casos, as diferenças entre os cursos de treinamento (das diferentes companhias aéreas) significam que a sua formação geralmente não é reconhecida universalmente. Isso é algo que pode ser relevante se você pretender mudar de empregador. Se for esse o caso, você terá que concluir outro curso de treinamento ou pelo menos repetir partes dele com o novo empregador, onde você vai atualizar ou aumentar seus conhecimentos e habilidades.

Preparar, apontar, já! Que comece o treinamento!

A equipe de treinamento que vai conduzir o seu curso geralmente é bem diversa. Os instrutores incluirão tanto comissários de bordo ativos quanto ex-comissários que vão ensinar um conteúdo prático a você e aos seus colegas trainees, ao mesmo tempo que te aconselham e te apoiam durante o treinamento A equipe de treinamento também consiste de formadores qualificados, tanto de dentro quanto de fora da empresa, por exemplo, médicos para treinamento em primeiros socorros, pilotos para meteorologia aeronáutica e bombeiros para treinamento em segurança contra incêndio.

Desde o começo do curso, a companhia aérea vai te impressionar, o que significa que eles vão aproveitar qualquer oportunidade para apresentar a companhia aérea de uma forma positiva. Isso inclui garantir que você entenda sobre o posicionamento da companhia aérea em relação à concorrência. Durante seu treinamento, você vai aprender sobre os procedimentos e estruturas internas da companhia aérea e descobrirá a relevância das metas corporativas da empresa para você como um comissário de bordo.

Nos primeiros módulos você aprenderá sobre procedimentos, manuais de voo, como se comportar em serviço e também a terminologia principal. Em pouco tempo, você vai estar usando abreviações da aviação e o alfabeto fonético como se fossem algo natural. Hoje em dia, o treinamento online está se tornando cada vez mais comum para o básico, incluindo vídeos para ajudar no estudo autodirigido. Seja em casa ou em salas de aula convencionais, aprender o básico irá prepará-lo para a fase principal do seu treinamento de tripulante de cabine.

Vamos perguntar a Gema,
uma Comissária de Bordo de 24 anos da Espanha

"Se divertir era a coisa mais importante!"

"Muitas novidades esperam por você no seu primeiro dia. Todo mundo vai estar tentando causar uma impressão perfeita, apesar do nervosismo. No primeiro dia, você diz adeus aos velhos hábitos enquanto tenta se adaptar a seu novo ambiente de trabalho. Se você for aberto e amigável com seus novos colegas, fará novos amigos rapidinho — mesmo nos primeiros dias.

Eu tenho lembranças tão vívidas do meu primeiro dia. Acho que foi um dos dias mais emocionantes da minha carreira. Eu estava tão feliz por estar começando a treinar como comissária de bordo. Eu mesma paguei meu treinamento, então estava sob muita pressão para me sair bem, mas me divertir ainda era a coisa mais importante para mim. Eu estava tão determinada e entusiasmada, tão cheia de otimismo e estava aberta para conhecer as pessoas ao meu redor.

O centro de treinamento ficava numa área remota, no meio do nada. Tinham uns prédios que pareciam antigos por fora, mas por dentro era tudo reformado e moderno. Não havia muita coisa no local de treinamento além de salas de aula, escritórios administrativos e uma loja onde você podia comprar comida. Tinham edifícios menores com alojamentos e dormitórios adjacentes ao centro de treinamento. Era isso — nada mais para nos distrair do aprendizado sobre o novo emprego. Era perfeito!

Não havia quartos individuais, então eu dividi um com outras duas meninas. Como se fosse um grupo de estudo, nós aprendemos técnicas de aprendizagem. Aprendíamos umas com as outras, revisávamos pilhas de material juntas e testávamos umas às outras. Viver juntas significava que todas tínhamos que contribuir. Não tinha essa de se esconder na multidão. Cada uma de nós tinha que fazer a sua parte. Nós riamos, discutíamos e nos reconciliávamos com a mesma rapidez.

Se as coisas ficassem difíceis e algo nos tivesse levado ao limite, encorajaríamos umas às outras a continuar e não desistir, aconteça o que acontecer. Descobrimos mais sobre as nossas próprias fraquezas, mas ao mesmo tempo também aprendemos a aceitar as fraquezas dos outros. Nós inspirávamos umas às outras e comemorávamos os nossos sucessos, tanto os grandes quanto os pequenos. O que começou no primeiro dia de treinamento se transformou em uma amizade para toda a vida."

Procedimentos padronizados

Dependendo do tamanho da companhia aérea, o número de voos por dia pode variar muito, de apenas alguns a várias centenas. E cada decolagem e pouso envolve um esforço para preparar os passageiros e as suas bagagens a tempo. A tripulação de cabine tem várias tarefas rotineiras a cumprir de acordo com as regras e padrões estabelecidos. Ações aleatórias não vão dar certo. As operações de voo seguem um conjunto de procedimentos padronizados, manuais, diretrizes, checklists e etc., isso é chamado de *Procedimentos Operacionais Padronizados* (sigla em inglês, SOPs).

> "Os manuais detalham exatamente o que você
> Deve fazer e onde e quando deve fazê-lo."
> Thomas, 20, Alemanha

Um bom exemplo de tarefa padronizada é a demonstração de segurança. Se ela fosse explicada de forma diferente a cada vez, seria confuso para os passageiros e poderia até levar ao manuseio incorreto dos equipamentos de segurança ou ao não cumprimento adequado das instruções, o que seria um desastre no evento de uma emergência real.

A conformidade com os SOPs não é diferente da conformidade com as instruções padrão de trabalho porque, no final das contas, cada instrução do manual fornece uma proteção legal para as pessoas que trabalham na aviação. Na verdade, as cláusulas que constam no manual servem como uma base para decisões que podem ser necessárias em situações de conflito entre tripulantes ou com um passageiro. Isso reduz ao mínimo a ação arbitrária, o que significa que problemas a bordo podem ser resolvidos de forma rápida e eficaz.

O manual também contém respostas de perguntas específicas. Por exemplo, os regulamentos relativos aos períodos de serviço e de folga ou se os passageiros podem ficar a bordo enquanto a aeronave está sendo reabastecida, se animais de estimação podem ser transportados na cabine de passageiros e quais fileiras são destinadas a crianças.

As crianças, por exemplo, precisam de um acompanhante e passaporte próprio. No entanto, dado o número crescente de pais que vivem ou trabalham longe de casa, nem sempre é possível acompanhar seus filhos nos voos. É por isso que as companhias aéreas permitem que crianças, geralmente acima de 5 anos, viajem como menores desacompanhados, sendo a companhia aérea responsável por cuidar da criança. Durante o voo, a tripulação de cabine é responsável por cuidar da criança, enquanto em terra a companhia aérea dispõe de outros funcionários que prestam este serviço. As regulamentações para esse tipo de situação também estão contidas nos manuais.

Se alguém estiver sendo deportado de um país ou tiver que viajar de avião para comparecer a um tribunal, essa pessoa será acompanhada por um agente da lei, um membro da força policial ou profissionais de segurança treinados. Detalhes sobre o número de pessoas que vão cuidar do passageiro, seus antecedentes, outras especificidades ou medidas de segurança são tratados com a maior confidencialidade. Os outros passageiros geralmente não têm conhecimento nenhum disso. Extradições por avião, embora aconteçam de vez em quando, não é algo padrão do trabalho como comissário de bordo.

Uma coisa que o manual não aborda, por exemplo, é a presença ocasional de um agente de segurança de bordo no avião. Eles são conhecidos como *Air* ou *Sky Marshals*, e sua função é detectar ameaças à segurança em rotas de alto risco. Aqui, os regulamentos diferem, o que significa o que determina se a tripulação vai ser informada ou não sobre o Marshal a bordo é a política de informação da companhia aérea e a situação legal.

Os Procedimentos Operacionais Padronizados cobrem até mesmo incidentes muito improváveis e graves. Em caso de emergência, os funcionários têm orientações sobre como responder e agir em caso de ameaça de bomba, sequestro, sabotagem ou transporte não autorizado de armas químicas ou biológicas. O manual descreve as etapas necessárias para evitar uma ameaça em potencial ou resolver uma situação crítica.

Certos incidentes que acontecem durante um voo devem ser relatados. Isso se aplica particularmente a violações de voo e incidentes relacionados à segurança, como passageiros se tornando agressivos ou ofensivos, por exemplo. Além disso, os comissários de bordo também podem enviar relatórios voluntários para chamar a atenção para um determinado assunto. Isso pode incluir propostas de melhorias nos procedimentos de trabalho ou alterações no serviço de comidas e bebidas a bordo. Em vez de encobrir as irregularidades, as raízes dessas questões devem ser encontradas e os problemas resolvidos.

Seu ambiente de trabalho voador

Elas podem parecer semelhantes por fora, mas na verdade as aeronaves são bastante diferentes por dentro. Cada cabine é um pouco diferente porque são projetadas para cumprir sua própria finalidade específica. Isso vale ainda mais quando se trata da cozinha, que é projetada inteiramente de acordo com os desejos da companhia aérea. Dentro da frota de uma companhia aérea, entretanto, modelos de aeronaves do mesmo tipo geralmente possuem o mesmo equipamento a bordo.

Para aviões de passageiros usados em voos fretados e regulares existe um número muito pequeno de fabricantes, embora construam uma grande variedade de modelos diferentes. Os fabricantes mais conhecidos incluem Airbus, Boeing, Bombardier, Embraer, Ilyushin, Sukhoi e Tupolev. Durante seu treinamento, você conhecerá as aeronaves do seu empregador e seus interiores distintos, o que vai garantir que você possa se orientar neles facilmente.

Outra parte importante do treinamento trata dos equipamentos necessários em uma aeronave. Certos equipamentos básicos são prescritos por lei e constam na chamada *Lista de Equipamentos Mínimos* (sigla em inglês, MEL). Durante o treinamento, você aprenderá sobre cada item, sua finalidade, como usá-los e onde encontrá-los na aeronave. Mais tarde, você e seus colegas comissários de bordo usarão checklists e procedimentos de trabalho bem ensaiados para verificar todos os equipamentos no início de cada turno para garantir que estejam funcionando corretamente e que nada esteja faltando. Essa é a única forma de garantir que você tenha todo o equipamento correto a bordo antes da decolagem e que tudo esteja funcionando corretamente.

Ao longo do seu treinamento básico — e mesmo como comissário de bordo totalmente treinado — seu conhecimento sobre o equipamento de emergência a bordo será constantemente posto à prova. Isso inclui saber exatamente onde estão guardados itens como o extintor de incêndio, equipamento de primeiros socorros, escorregadores de emergência e coletes salva-vidas e como usá-los. A nota de aprovação dos testes escritos, que é de setenta e cinco por cento ou mais, tornou-se amplamente aceita no setor aéreo. Se você tirar menos de setenta e cinco por cento na sua primeira tentativa, poderá refazer o teste. Cabe à companhia aérea, entretanto, decidir com que frequência você poderá refazê-lo.

Transportando mercadorias perigosas

É responsabilidade do aeroporto — mais especificamente da equipe de segurança do aeroporto — verificar se há itens proibidos na bagagem de mão dos passageiros. No entanto, é recomendado ter cautela, pois os itens permitidos também incluem materiais e substâncias que ainda podem representar um risco à segurança a bordo. Por exemplo, dispositivos eletrônicos como celulares ou notebooks são permitidos a bordo, mesmo que possam superaquecer a qualquer momento ou, na pior das hipóteses, até pegar fogo. Objetos do dia a dia como esses rapidamente se tornam itens perigosos sem que os passageiros percebam.

Na intenção de proteger todos a bordo, uma das suas responsabilidades é reconhecer materiais que são proibidos de serem carregados a bordo ou estão sujeitos a condições especiais de transporte. Saber distinguir entre itens inofensivos, perigosos e proibidos faz parte do seu treinamento e é ocasionalmente ensinado por meio de simulações de casos práticos e exercícios em grupo.

Pouso de emergência na água

Tripulantes de cabine são treinados repetidas vezes nos procedimentos necessários para evacuar uma aeronave cheia com rapidez e segurança em uma situação perigosa. As instruções que devem ser dadas em situações assim são de vital importância porque são essas instruções e anúncios claros que dizem a você, ao resto da tripulação e aos passageiros o que fazer em caso de emergência. Em pousos de emergência na água — também conhecidos como amerissagens — você vai tomar a liderança e assumir o papel de especialista em sobrevivência.

Os escorregadores de emergência padrão, que são equipados na maioria das aeronaves, podem ser desdobrados e usados em segundos. Eles permitem uma saída segura e podem ser usados como botes salva-vidas, se necessário. Dependendo do tipo de aeronave, existem botes salva-vidas adicionais que fornecem proteção aos passageiros e à tripulação em águas abertas. Em uma emergência, o kit de primeiros socorros, as reservas de alimentos e o transmissor de emergência nos botes aumentarão as chances de sobreviver e de ser encontrado rapidamente.

Para o caso improvável de um pouso de emergência na água, as aeronaves são equipadas com coletes salva-vidas. As cores diferentes permitem distinguir rapidamente quem faz parte da tripulação e quem é passageiro. Enquanto os passageiros usam coletes salva-vidas amarelos brilhantes, os da tripulação são laranja.

> **"Nós fazemos exercícios práticos para nossa memória muscular. Isso envolve repetir certos movimentos várias vezes para que aconteçam automaticamente se e quando for preciso. Por exemplo, colocar um colete salva-vidas."**
> Amgad, 34, Líbia

Colocar e usar coletes salva-vidas dentro e fora da água faz parte do treinamento tanto quanto treinar habilidades de sobrevivência em mar aberto. Embora o afogamento seja um dos possíveis perigos após uma

Vamos perguntar a Seoyoung,
uma Comissária de Bordo de 33 anos da Coreia do Sul

"Estamos sempre bem preparados!"

"Até a decolagem, era um dia de trabalho como qualquer outro. Imediatamente após a decolagem, surgiu um cheiro de fumaça na aeronave. Nessa hora eu estava sentada na cabine de comando atrás dos pilotos. Os dois foram cumprindo as suas checklists calmamente e pousaram o avião em segurança, minutos depois, de volta ao lugar que ele estava. Assim como nós, comissários de bordo, nossos pilotos também estão bem preparados para casos assim, por mais raros que sejam."

Perda de pressão da cabine

Uma parte obrigatória da demonstração de segurança é como usar adequadamente as máscaras de oxigênio para que você possa reagir com rapidez e segurança no evento de uma perda de pressão na cabine. Esses primeiros segundos podem determinar o seu bem-estar e o dos seus passageiros.

Vou te explicar por que isso é tão importante nos voos comerciais: a altitude média de cruzeiro de um avião de passageiros é de cerca de 36.000 pés (11.000 metros). Nessa altitude, é impossível que as pessoas respirem naturalmente, ou seja, sem qualquer tipo de auxílio. É por isso que, em altitude de cruzeiro, o ar no interior da cabine é pressurizado a um nível de cerca de 8.000 pés (2.500 metros), permitindo que os passageiros respirem sem desconforto. Alpinistas radicais sabem que qualquer ponto a cerca de 7.000 metros (23.000 pés) acima do nível do mar — no que é assustadoramente conhecido como "zona da morte" — é necessário um fornecimento adicional de oxigênio para sobreviver. À medida que a altitude aumenta, a saturação de oxigênio no sangue cai continuamente, que resulta em uma insuficiência de oxigênio nos tecidos do corpo — um estado conhecido como hipóxia.

É por isso que é necessário criar uma pressão artificial na cabine. Caso contrário, as pessoas não conseguiriam respirar dentro de uma aeronave — o que significa que não conseguiriam viajar. Nas aeronaves comerciais modernas, o nível ideal de pressão do ar é regulado automaticamente. Os motores acionam um compressor que comprime o ar que entra. Parte desse ar comprimido, que ainda está extremamente quente, é direcionado para uma unidade de resfriamento e então depois para o sistema de ar condicionado. O novo ar é então misturado com o ar que já está na cabine, proporcionando condições ambientais agradáveis a bordo.

Caso aconteça de a pressurização da cabine de passageiros não funcionar corretamente, a pressão pode ser controlada manualmente a partir da cabine de comando. Para o caso extremamente raro de falha total, máscaras de oxigênio estão localizadas no painel acima dos assentos para serem usadas. Para garantir que crianças de colo, bebês e tripulantes que estiverem trabalhando nos corredores recebam oxigênio imediatamente, há sempre mais máscaras do que assentos. Caso necessário, elas caem e fornecem aos passageiros de uma aeronave lotada ar suficiente para respirar por cerca de quinze a vinte minutos. Esse tempo é o suficiente para o avião descer a uma altitude de cruzeiro onde os passageiros possam respirar normalmente de novo, sem a ajuda de uma máscara de oxigênio. E então, um pouso seguro será feito no aeroporto mais próximo.

Primeiros socorros e medidas de salvamento

Como comissário de bordo, você vai estar envolvido em muito menos incidentes técnicos do que as pessoas geralmente pensam. Na verdade, é mais provável que você tenha que realizar primeiros socorros. Com as aeronaves comerciais se tornando cada vez mais confiáveis e seguras ao longo das décadas, a capacidade de assentos aumentou à medida que as aeronaves se tornaram cada vez maiores. Mas não foi apenas o número de assentos que aumentou. Na verdade, o tempo médio de voo também cresceu. Passar quinze horas ou mais a bordo de uma aeronave é facilmente possível hoje em dia. Porém, quanto mais longo for o voo, maior será o risco de surgirem problemas de saúde. Um dos principais motivos disso acontecer é que os passageiros são fortemente inclinados a prosseguir com um voo, mesmo que tenham um problema de saúde ou não estejam no melhor estado de saúde no momento.

No entanto, voar pode afetar até as pessoas mais saudáveis, estando problemas circulatórios, náuseas, inchaço na barriga, diarreia, dores de cabeça e de ouvido entre as queixas mais comuns. E a saúde das pessoas pode piorar de uma hora pra outra. Poucas pessoas estão preparadas para uma situação assim, por isso raramente levam medicamentos consigo, o que significa que cabe a você e aos seus colegas de tripulação virem ao resgate, por assim dizer.

Durante o treinamento, você vai aprender a reconhecer os sintomas de várias doenças e o que precisa fazer para ajudar a aliviá-los. Seu repertório de conhecimentos deve incluir como lidar com doenças cardiovasculares, dificuldades respiratórias, sensações repentinas de desmaio, inconsciência, convulsões e quaisquer problemas resultantes de acidentes, lesões e queimaduras com ou sem influência de álcool, medicamentos ou drogas.

Os futuros comissários de bordo muitas vezes têm medo de fazer algo errado quando forem tentar ajudar outras pessoas. Além disso, há um limite para o que você pode fazer para ajudar com o equipamento médico limitado a bordo. O medo de cometer erros é perfeitamente natural, mas você vai aprender a superá-lo em cenários de treinamento dedicados. O verdadeiro desafio não está nas medidas de primeiros socorros, mas sim nas condições dentro da aeronave. Isso inclui o espaço confinado, o ambiente barulhento e o aumento dos níveis de adrenalina. Cada medida de tratamento é observada atentamente pelos passageiros nas fileiras de assentos em volta. A presença de parentes indefesos coloca você sob ainda mais pressão, pois eles ficam olhando na expectativa de que você possa ajudar seu ente querido.

Muitas vezes há profissionais médicos entre os passageiros, uma enfermeira ou socorristas, por exemplo. O apoio deles pode ajudar a evitar que o avião tenha que fazer um pouso de emergência não programado. Se o estado do passageiro exigir um tratamento urgente em solo, o piloto procurará pousar a aeronave no aeroporto mais próximo o mais rápido possível, pois (muitas vezes) em casos como este cada minuto conta. Para alertar outras aeronaves e controladores de tráfego aéreo sobre sua emergência, os pilotos enviam o sinal de socorro *"MAYDAY, MAYDAY, MAYDAY!"*. A aeronave em emergência recebe então prioridade imediata na comunicação de rádio e nos procedimentos de aproximação e pouso.

Vamos perguntar a Bernadette,
uma Comissária de Bordo de 28 anos da França

"Prefiro ajudar do que ficar parada me sentindo impotente"

"Depois que um incidente grave acontece a bordo, seja um problema técnico ou uma emergência médica, o que é mais importante são os passageiros e o seu bem-estar. Dificilmente alguém pensa na tripulação de cabine, que às vezes também precisa de cuidados.

Como comissários de bordo, sabemos que quando acontece uma situação de emergência ela pode ter consequências duradouras na vida da pessoa, independentemente do nosso treinamento e da forma como respondemos. No nosso treinamento aprendemos a lidar com emergências técnicas e médicas, mas a nossa capacidade de influenciá-las é limitada. Se um dos passageiros começa a ter uma parada cardíaca, agimos imediatamente para tentar salvar sua vida. Se não conseguirmos salvar o passageiro, apesar de tudo o que fizemos, não há nada que possamos fazer para impedir as reações e sentimentos que certamente serão desencadeados. E então começamos a lutar com nossos próprios pensamentos e a nos fazer todo tipo de perguntas.

Eu participo de um programa que se chama *Volunteer Peer Support*, que é um grupo de pessoas leigas que ajuda outras pessoas afetadas por situações assim. As pessoas podem chegar em nós e conversar ou receber um apoio sem a necessidade de um psicólogo, psicoterapeuta ou médico aeronáutico. Colegas traumatizados muitas vezes precisam de um colega experiente e empático que saiba o que vai ajudar e o que não vai ajudar em situações traumáticas assim.

Quando o meu empregador me ofereceu a oportunidade de participar nesse programa, não hesitei em aceitar. Se um dos meus colegas não estiver bem e eu puder fazer alguma coisa, prefiro ajudar do que ficar parada, me sentindo impotente."

Embarque concluído
– vamos começar a demonstração de segurança!

Embora seu treinamento seja bastante prático, pode ser que quando chegue a hora de aprender os procedimentos específicos do dia a dia para um voo as coisas fiquem um pouco teóricas demais. Mas a boa notícia é que nesse ponto a sua futura profissão já está a menos de um passo de distância. Na sala de aula, você e seus colegas são transportados mentalmente a bordo da aeronave para discutir as medidas de proteção aos passageiros.

Após o pouso, a tripulação geralmente tem de trinta a cinquenta minutos para preparar a aeronave para o voo de retorno ou de continuação. As companhias aéreas de baixo custo muitas vezes têm ainda menos tempo. Durante esse período, os comissários de bordo ficam ocupados organizando as refeições e guardando quaisquer itens deixados na cozinha. Enquanto isso acontece, a equipe de limpeza trabalha a todo vapor para limpar a cabine de caixas de bebidas, restos de comida, poeira, sujeira e qualquer outra coisa que tenha ficado do voo anterior. Depois de todo o trabalho ser concluído, os passageiros podem ser liberados para embarcar.

Quando todos os passageiros estão na aeronave, é feito um anúncio — Embarque concluído! Agora é hora de familiarizar os passageiros com as normas de segurança. Seja por desinteresse ou por falta de atenção, às vezes os anúncios nos alto-falantes por si só não são suficientes e as regras têm que ser explicadas de novo a alguns passageiros. Mesmo que alguns pedidos nem sempre façam sentido imediatamente, todos ainda têm que seguir as medidas de segurança.

Veja os telefones celulares, por exemplo. Eles só podem ser usados a bordo se o modo avião estiver ativado. Essa norma garante que os passageiros não se distraiam com os seus próprios dispositivos e, assim, ouçam mais ativamente os anúncios a bordo feitos pela tripulação. Em situações de emergência, isso às vezes pode ser vital.

Além disso, os passageiros são pedidos para colocar os seus assentos na posição vertical e dobrar as mesinhas à sua frente durante a decolagem e o pouso. Embora essa superfície de armazenamento seja ideal para documentos, livros, smartphones ou tablets, a mesa pode causar lesões abdominais graves caso a aeronave tenha que frear repentinamente. No evento de um pouso de emergência, os passageiros são solicitados a assumir o que é conhecido como posição de impacto. Para minimizar o risco de lesões nos órgãos internos, o corpo é firmado entre as fileiras de assentos. No entanto, os passageiros só vão ter o espaço necessário para essa posição se o encosto da fileira de assentos à frente deles tiver sido colocado na posição vertical.

Outra exigência é que as persianas das janelas da aeronave sejam mantidas abertas durante a decolagem e o pouso. Isso permite que tanto os passageiros como a tripulação de cabine tenham uma visão desobstruída do exterior da aeronave em caso de uma situação perigosa, lhes permitindo avaliar melhor a situação. Essa é também a razão pela qual as luzes da cabine são apagadas ou diminuídas em voos noturnos ou crepusculares. Isso permite que os olhos se acostumem melhor à escuridão dentro da aeronave e às condições de luz do lado de fora. Isso também significa que as faixas de luz no chão vão poder ser vistas mais rapidamente. Em uma emergência, essas luzes direcionam você para a saída de emergência mais próxima. Dado que essa pode ser a única forma de sair da aeronave, é importante que esses caminhos estejam sempre livres de bagagem de mão e casacos.

As fileiras perto das saídas de emergência são bastante populares entre os viajantes porque oferecem mais espaço para as pernas do que as fileiras normais da Classe Econômica. Esses assentos não podem ser ocupados por ninguém que precise de assistência caso aconteça uma evacuação. Isso inclui crianças, gestantes e pessoas com mobilidade limitada por causa de doença ou idade.

Vamos perguntar a Mark,
um Comissário de Bordo de 51 anos dos EUA

"São as crianças que prestam atenção"

"Normalmente, poucos passageiros prestam atenção às demonstrações de segurança — exceto crianças ou passageiros ansiosos que ouviram falar recentemente de um acidente de avião. Mas o nervosismo geralmente dura só uma semana. Então o acidente desaparece da memória deles de novo. Como comissários de bordo, geralmente estamos acostumados às pessoas não prestando atenção — a menos que haja uma turbulência ou barulhos estranhos, e são nesses momentos em que de repente temos a atenção total de uma centena de passageiros, todos olhando para nós ao mesmo tempo perplexos. Nessas horas, é importante não parecer preocupado, independentemente do que esteja errado. Afinal, sua expressão facial pode falar mais que mil palavras."

Comes e bebes a bordo

Seu treinamento não vai te ensinar apenas as medidas de segurança que podem ser essenciais para a sobrevivência. Você também vai se preparar para as tarefas cotidianas de um comissário de bordo. Uma dessas tarefas, por exemplo, é o serviço de comidas e bebidas para os passageiros a bordo. Para muitos passageiros, isso pode fazer toda a diferença no quão satisfeitos vão se sentir em sua experiência a bordo.

Os serviços de alimentação e bebidas são uma grande tradição no setor de viagens aéreas. Nos primórdios da aviação comercial, quando os aviões ainda não eram um meio de transporte em massa, as refeições servidas eram uma forma de destacar a exclusividade de um voo. Ao mesmo tempo, era um sinal para todos aqueles que voavam pela primeira vez de que não havia motivo para ter medo. Afinal, como voar pode ser perigoso se você pode fazer algo tão comum e cotidiano como comer enquanto está a bordo? Essa ideia principal permaneceu inalterada até hoje. Comer não só distrai as pessoas das suas ansiedades e preocupações — mas também aumenta a sensação geral de bem-estar e satisfação.

Mesmo em voos curtos, muitos passageiros gostam de ter uma refeição leve. Em voos de curta distância, porém, tudo o que é oferecido são lanches, se é que oferecem alguma coisa. Dependendo da companhia aérea e da gama de serviços incluídos no preço da passagem, os lanches podem estar inclusos na tarifa ou podem ser comprados a bordo. Apenas em voos de longo curso é comum que refeições completas estejam inclusas no preço da passagem.

Durante seu treinamento, uma das primeiras coisas que você vai aprender é como ser organizado na cozinha. Isso é importante porque cada caixa de armazenamento tem um lugar próprio designado. É importante seguir esse sistema bem planejado a todo custo quando for guardar ou retirar alimentos. O mesmo se aplica à forma como as coisas são organizadas nos carrinhos de comida e bebidas, que você também aprenderá em exercícios práticos.

Cada comissário recebe uma área específica da aeronave para cuidar e é responsável por certas fileiras de assentos. O serviço de bordo é fornecido de acordo com um plano definido que é discutido antes do voo. Muitas companhias aéreas optam por atender primeiro os passageiros na janela, depois os que estão nos assentos do meio e, por fim, os que estão no corredor.

> **"Se eu conseguir superar as expectativas dos meus passageiros, eles voltarão a voar conosco no futuro."**
> Danielle, 24, Singapura

A apresentação padronizada das comidas e bebidas faz tão parte do trabalho quanto preparar refeições quentes no forno antes do serviço de bordo começar. Quanto conhecimento adicional é preciso para isso, na prática, depende de uma série de fatores, como por exemplo o nível geral de serviço que a companhia aérea oferece, quais opções de cardápio o tipo de aeronave permite e se é um voo de curta ou longa distância. Além disso, existem empresas que oferecem mais do que apenas um assento para ir do ponto A ao B. Naturalmente, o serviço de bordo dessas companhias aéreas vai incluir um ou dois extras. Também devem ser levados em consideração aspectos particulares de cada país, como o serviço de bebidas alcoólicas ou hábitos alimentares específicos. Quando se trata disso, o serviço de lanches e refeições mais leves costuma ser muito mais simples.

Os passageiros da Classe Executiva e da Primeira Classe costumam receber uma atenção mais personalizada dos comissários de bordo. O serviço de bordo para esses passageiros inclui uma bebida de boas-vindas servida num belo copo; eles também podem escolher suas refeições em um menu e sua comida é servida com talheres e utensílios adequados. De fato, apesar da diferença significativa de preço entre a Classe Executiva/Primeira Classe e a Classe Econômica, para os clientes, todos esses "extras" parecem valer a pena.

Aliás, a tripulação de cabine geralmente não recebe refeições. Quando isso é possível, os tripulantes só podem comer qualquer refeição do serviço de bordo se não forem pedidas por ninguém e se nenhum passageiro quiser repetir (e tudo isso tem que ser comunicado antecipadamente). Em voos de longo-curso, algumas companhias aéreas oferecem à tripulação de cabine a opção de encomendar uma refeição com preço reduzido à empresa de catering pagando de seu próprio bolso, ou de usar o forno da cozinha do avião para alimentos que eles próprios trouxeram a bordo.

Problemas a bordo

Como cada pessoa é única e individual em qualquer voo, você normalmente encontrará praticamente todos os tipos de personalidade a bordo. Também é provável que você se depare com passageiros de primeira viagem e viajantes ocasionais, bem como com passageiros frequentes viajando por motivos pessoais e de trabalho. Independentemente do motivo pelo qual as pessoas voam e das experiências de voo ou de viagem que trazem consigo, cada indivíduo terá suas próprias expectativas sobre como as coisas devem correr quando estiverem a bordo.

Se alguém estiver assustado ou preocupado, isso pode afetar o seu comportamento a bordo. Se eles tiverem uma experiência infeliz no caminho para o aeroporto ou no próprio aeroporto, isso poderá afetar seu humor também. Nem todos os passageiros embarcam no avião se sentindo relaxados ou felizes. Muitas vezes, pequenas coisas — se sentar ao lado de alguém desagradável, por exemplo — podem ser suficientes para deixar as pessoas ainda mais nervosas.

Os diferentes tipos de personalidade que você encontrará em um voo incluem, por exemplo, o argumentativo, o educado e indelicado, o presunçoso, o entusiasta da aviação, o ansioso, o interessado, o sabe-tudo, o estressado, o bem humorado, o autoritário, o agradável e o charmoso. Na verdade, essa lista vai indo infinitamente. O que isso serve para demonstrar, no entanto, é a enorme variedade de emoções que você enfrentará todos os dias como comissário de bordo.

De fato, ao longo da sua carreira, você vai se deparar com uma grande variedade de personalidades e comportamentos entre os seus passageiros. Isso exigirá um alto grau de competência social e empatia de sua parte para ser capaz de lidar com todas as diferentes idiossincrasias com as quais você será confrontado. Seja qual for o caso, o objetivo final é sempre o mesmo — fazer de cada passageiro um cliente recorrente. Afinal, qualquer passageiro pode acabar tendo que comprar outra passagem no dia seguinte e, diante da escolha de voar com você ou com um concorrente, você vai querer que ele escolha você.

Muitas vezes é difícil achar um equilíbrio entre priorizar a satisfação do cliente e assumir uma postura autoconfiante que lhe permitirá se impor, especialmente numa situação de conflito. Esse último é uma necessidade absoluta, porque no final das contas, todo viajante deve aceitar e respeitar você e seus colegas de tripulação como tomadores de decisão. Um comportamento agradável e um pouco de charme podem ajudar muito a mudar o comportamento dos passageiros e orientá-los em uma direção mais positiva. Durante seu treinamento, você praticará essas técnicas com a ajuda de encenações e vai aprender a deixar de lado suas emoções quando estiver colocando essas situações sob controle.

Quando estiver a bordo, sua atitude e conduta devem ser sempre profissionais. Linguagem corporal positiva e um comportamento exemplar ajudarão os passageiros a se sentirem confortáveis e bem cuidados a bordo, mesmo aqueles que têm medo de voar. Permanecer calmo e parecer relaxado pode ser particularmente importante durante uma turbulência. Nessas situações — quando o piloto aciona os sinais de cinto de segurança durante condições climáticas adversas, por exemplo — os passageiros tendem a procurar contato visual com a tripulação. É por isso que é absolutamente essencial que você e seus companheiros de tripulação transmitam calma, mesmo em situações potencialmente arriscadas ou incertas.

Emoções intensificadas e resolução de problemas

O que você deve fazer quando as coisas não saem conforme o planejado, quando surgem problemas, quando a situação fica fora de controle e passageiros ficam irritados? Em primeiro lugar, é importante ouvir a pessoa irritada, deixá-la falar e depois fazer perguntas se houver algo que precise de ser esclarecido. A grosseria nunca deve ser retribuída. Isso é importante, mesmo que seja apenas para manter uma interação respeitosa. Se a pessoa não quiser cooperar mais, a situação poderá piorar e isso é definitivamente algo que deve ser evitado no ar.

Seu treinamento te ensina estratégias e táticas que o ajudam a encontrar soluções para resolver um conflito. Você vai aprender como os comissários de bordo podem se defender, quando estabelecer limites e possíveis consequências. Um passageiro indisciplinado pode pôr em risco a segurança do voo, por exemplo, provocando tensão através de ataques verbais, agitando outros passageiros e causando problemas.

Um alto nível de estresse e o consumo de álcool ou drogas podem acarretar comportamentos agressivos, discussões excessivas, ameaças violentas, intimidação e violência física. Nenhuma companhia aérea tolerará esses comportamentos. Em casos extremos, os pilotos serão obrigados a fazer um pouso não programado e entregar o encrenqueiro às autoridades locais. A consequência disso seria um banimento vitalício de voar com essa companhia aérea. Para garantir que as coisas não cheguem a esse ponto, a tripulação fará tudo o que estiver ao seu alcance para aliviar a situação utilizando técnicas de desescalada.

Por outro lado, a base de boas habilidades de resolução de conflitos é a capacidade de oferecer desculpas sinceras por quaisquer erros cometidos. Se algo der errado, seja sincero e peça desculpas ao passageiro — fazer isso pode realmente ajudar a aliviar a situação em questão, independentemente de quem seja o culpado, seja a companhia aérea ou a tripulação. Respostas genéricas, desculpas esfarrapadas ou apaziguamento só aumentarão a frustração e a raiva e devem ser evitadas a todo custo. Se um passageiro tiver a sensação de que não está sendo levado a sério, a situação de conflito só vai piorar.

Vamos perguntar a Nadia,
uma Comissária de Bordo de 24 anos do Canadá

"Não leve para o lado pessoal"

"Nesta profissão, você é forçado a lidar com padrões complexos de comportamento humano. Não é fácil avaliar objetivamente quando alguém está sendo "difícil". Porém, se você pudesse escolher, provavelmente existem certas experiências que você preferiria não ter. Ao longo do seu tempo como comissário, você pode ser confrontado com abusos verbais ou ser alvo dos caprichos de algum passageiro. Conscientemente ou não, os passageiros muitas vezes vão se comportar de uma forma que vai te desafiar e vão levar a sua paciência ao limite. Quando você se encontrar no meio desse tipo de situação, saberá o quanto é importante ter ferramentas à sua disposição para ajudá-lo a resolver conflitos.

Imagine um passageiro sabe-tudo tentando impor sua opinião a você, querendo te ensinar e geralmente sendo insistente e intrusivo. Esses passageiros se consideram experts em tudo e são convencidos de que têm muito mais conhecimento do que você. Uma razão comum para esse comportamento é um desejo exagerado de admiração e reconhecimento público. Você pode ficar tentado a contestar essa pessoa com o seu próprio conhecimento, mas isso só vai deixar o passageiro ainda mais irritado e também não levará você a lugar nenhum. Essas situações geralmente não afetam a segurança a bordo, então não é preciso levar muito a sério esses comportamentos. A regra geral é: envolva-se o menos possível, o mínimo que for necessário.

O tipo de passageiro que você será confrontado com muito mais frequência são os passageiros egoístas. Esse tipo de pessoas é muitas vezes a razão pela qual outras pessoas são tratadas injustamente ou por que surgem conflitos. Tudo pode começar de maneira boba — por exemplo, eles se espalham por toda a fileira de assentos, não dando espaço à pessoa sentada ao lado deles, ou pegam para si o apoio de braço entre as cadeiras e tomam posse das persianas.

Esse tipo de comportamento gera problemas e discussões intermináveis e desagradáveis. Se houver teimosia no meio, tentar mediar entre os passageiros e restaurar o bem-estar vai ser mais difícil ainda.

Como comissário de bordo, você aprende como oferecer soluções com gentileza. Tudo se resume a como você reage, pois sempre haverá uma maneira de melhorar o clima. Às vezes, tudo o que é preciso para criar um ambiente livre de conflitos e mais compreensivo é uma mudança de mentalidade, a capacidade de se conectar com os passageiros e buscar ajudá-los e ter as habilidades certas. Se uma situação difícil surgir, fale com os seus passageiros — é assim que você descobre o que eles querem e o que esperam de você. E não leve as coisas para o lado pessoal se você não conseguir suprir as expectativas deles."

Tripulação de cabine, por favor, tomem seus lugares para o pouso!

Na preparação para o pouso, o serviço de alimentação e bebidas deve ser concluído e os talheres usados recolhidos junto com quaisquer sobras e resíduos. Assim que tudo estiver certo na cabine de passageiros, uma mensagem de cabine pronta é enviada aos pilotos. Semelhante à decolagem, os pilotos então ficam cientes de que todas as precauções relevantes para a segurança foram tomadas na área de passageiros durante a preparação para o pouso.

Os minutos restantes até o pouso podem ser usados para relembrar os procedimentos de evacuação e o uso de equipamentos de emergência na sua mente. Após um longo período de serviço ou inúmeras horas de voo por ano, essa nem sempre é uma tarefa fácil. Afinal, em algum momento voar vira rotina. Se seus pensamentos já estão no próximo voo ou no que você vai fazer no final do seu turno, é necessário um certo grau de autodisciplina para se forçar a relembrar os procedimentos regularmente. No final das contas, se algo inesperado acontecer algum dia, você não vai querer perder tempo pensando em quais procedimentos seguir. Nesses casos, trata-se de entender rapidamente a situação, avaliar os perigos e aplicar o que foi aprendido.

Alguns passageiros, por outro lado, se comportam de maneira impensada após o pouso. Repetidamente, eles ignoram o pedido para permanecerem sentados com os cintos de segurança afivelados até que o avião chegue no local final do estacionamento. Enquanto o avião está taxiando, eles já ficam em pé no corredor, remexendo nos compartimentos de armazenamento procurando jaquetas e bolsas ou até mesmo tentando se apressar em direção à saída. Quem faz isso carece não apenas de bom senso, mas também de consciência de quão perigoso pode ser desafivelar o cinto de segurança nesse momento. No solo, velocidades de taxiamento de cerca de 55 quilômetros por hora (35 milhas por hora) não são incomuns. Isso pode não parecer tão rápido assim, mas se você comparar com dirigir um carro, poderá perceber rapidamente o risco de ferimentos em caso de queda.

Para a tripulação de cabine, fazer que as medidas de segurança sejam cumpridas é um desafio diário. Requer muito tato e capacidade de assumir papéis diferentes de novo e de novo. Por um lado, você tem que ser o anfitrião amigável e acolhedor. Mas para proteger seus passageiros de possíveis perigos, você também vai precisar de uma abordagem assertiva, embora amigável. Tenha em mente que bens materiais são substituíveis, pessoas não.

Treinamento na linha

Quando o treinamento inicial termina, os comissários de bordo recém-qualificados recebem um certificado confirmando a conclusão bem-sucedida do treinamento. Dependendo da região, você receberá um certificado de comissário de bordo ou simplesmente terá que se apresentar a uma agência de aviação competente. Por último, mas não menos importante, você receberá um cartão de identificação de tripulante, que deverá ser usado o tempo todo durante o serviço (isso é exigido por leis internacionais). Assim que tiver suas asas — seu certificado de tripulação de cabine e seu cartão de identificação — você estará pronto para decolar no seu primeiro voo!

Você não será abandonado nas suas primeiras viagens como novo comissário de bordo. Em vez disso, nesses primeiros voos, você vai receber um treinamento no local de trabalho e vai se familiarizar com o trabalho na vida real. Isso é conhecido como "treinamento na linha". É natural que você possa ficar um pouco perdido nesse estágio, por isso, membros da tripulação qualificados vão te dar uma força e te ensinar como as coisas funcionam. Ao mesmo tempo, seus instrutores testarão seus conhecimentos de voo e, se necessário, vão explicar novamente determinados tópicos ou vão intervir e corrigir caso você estiver cometendo um erro. Principalmente, o papel desses instrutores é ajudar os novatos a superar o nervosismo e fazê-los se acostumarem com o trabalho aos poucos.

Nervosismo e entusiasmo são completamente normais no início, mas logo desaparecerão. Depois de semanas de treinamento intenso, você vai poder se sentar em um dos famosos *"jump seats"*, que é como são chamados os assentos dos comissários de bordo na linguagem da tripulação de cabine, e seu sonho de voar finalmente se tornará realidade. Existem *jump seats* em vários lugares diferentes em um avião de passageiros. Eles não podem ser comprados ou reservados e se destinam apenas à tripulação de cabine.

No primeiro dia de trabalho, os pilotos às vezes vão te mostrar pouquinho como é o trabalho deles, reunindo a tripulação para receber os novos membros ou até mesmo permitindo que os novatos viajem na cabine de comando durante a decolagem e o pouso. Às vezes, os demais comissários de bordo podem até planejar uma pequena surpresa para receber os novos tripulantes da equipe.

Após o seu primeiro dia no ar, haverá um *debriefing* no solo, onde você receberá uma avaliação detalhada do seu desempenho. Quaisquer procedimentos ou etapas que não foram executadas exatamente conforme especificado serão discutidos. Mas não vão ser só críticas e conselhos — você vai ouvir muitos feedbacks positivos sobre todas as áreas onde você transferiu com sucesso o conhecimento teórico para a prática. Esses feedbacks vão te ajudar a garantir que você atenda às expectativas em voos futuros e mantenha um bom desempenho.

Após um determinado número de voos (assim que você puder realizar as tarefas padrão de forma profissional e independente), você estará autorizado a voar sem a supervisão de um instrutor. Quando isso acontecer, você conseguiu — seu treinamento está completo!

No trabalho

Comissários de bordo ao longo dos anos

É difícil acreditar que nos primórdios esta profissão fosse majoritariamente masculina — especialmente tendo em conta que a maioria dos tripulantes de cabine hoje são mulheres. Em 1912, um alemão chamado Heinrich Kubis começou a trabalhar como o primeiro comissário de bordo do mundo. Somente 18 anos depois, em 1930, em que a americana Ellen Church fez história na aviação como a primeira mulher comissária de bordo. Com uma vontade encontrolável de voar, a então enfermeira de 25 anos conseguiu um emprego em uma companhia aérea. Sua tarefa era dar apoio aos passageiros ansiosos durante os voos. Pouco tempo depois, comissárias de bordo femininas foram contratadas para cuidar de passageiros em todo o mundo.

Ao longo da história da profissão, o papel do comissário de bordo mudou diversas vezes. **Na década de 1930**, era comum que a tripulação de cabine ajudasse na venda de passagens e em tarefas administrativas, além de suas funções reais de comissário de bordo. Eles também limpavam o interior da aeronave e eram responsáveis por pedir a comida para o serviço de catering de bordo. Quando o voo estava prestes a partir, eles ajudaram os colegas de serviço em terra a guardar a bagagem dos passageiros. Naquela época, esperava-se que você ajudasse onde quer que houvesse trabalho a ser feito. Hoje em dia existem funcionários dedicados ou subcontratados externos (terceirização) para cada uma dessas atividades.

Naquela época, os aviões estavam muito longe de ser um meio de transporte de massa. Somente os abastados podiam pagar por passagens aéreas, que na época eram muito caras. E as expectativas dos passageiros eram bastante alinhadas com o preço que pagavam. Na verdade, era uma prática comum ajudar os passageiros mais ricos a tirar os sapatos para limpá-los ou guardá-los durante o voo e oferecer chinelos para maior conforto no avião. As comissárias de bordo, ainda chamadas de aeromoças na época, tinham a tarefa de orientar os passageiros a não jogarem cigarros acesos e guimbas pela janela da aeronave — algo que era tecnicamente possível na época devido às altitudes mais baixas. Essa instrução se aplicava ao sobrevoar áreas urbanizadas, terrenos agrícolas ou florestas. Além disso, era preciso tomar cuidado para que a porta do banheiro não fosse confundida com a saída, que também podia ser destrancada durante o voo.

Na década de 1930, a aviação era tudo menos simples ou tecnicamente avançada, o que significa que os tripulantes de cabine eram considerados ousados e corajosos. E, mesmo assim, a opinião geral ainda era que ter comissários de bordo nos aviões era mais uma questão de imagem do que de segurança.

A interação com os pilotos na cabine de comando era árdua e difícil; pilotos fardados deveriam ser tratados apenas formalmente, nunca de uma forma excessivamente casual ou amigável ou em tom impróprio. Na verdade, não era incomum que comissários de bordo fizessem uma saudação militar aos capitães como sinal de respeito quando estivessem embarcando ou desembarcando.

Na década seguinte — **nos anos de 1940** — cada vez mais companhias aéreas introduziram uniformes elegantes para seus tripulantes de cabine. Em seus uniformes, as mulheres certamente chamavam a atenção dos passageiros. Para estar de acordo com essa imagem, além dos uniformes, havia algumas regras rígidas que deveriam ser seguidas. As comissárias de bordo não podiam usar óculos nem ultrapassar uma determinada altura, por exemplo. Ser casada ou ter filhos era outra coisa que não podia. A idade máxima para comissárias de bordo era 35 anos, às vezes até menos. Peso era outro fator que os empregadores prestavam atenção. Quem engordava era desligado sem cerimônia alguma do serviço ativo ou recebia um determinado período de tempo para perder os quilos extras. Na verdade, não era incomum, embora um tanto desagradável, que as comissárias de bordo fossem submetidas a pesagens regulares na frente de seus superiores.

Na década de 1950, quando as passagens aéreas ainda eram razoavelmente caras, o prestígio social da profissão cresceu notavelmente. A bordo, os passageiros eram mimados com champanhe, salmão e caviar e desfrutavam de um serviço de elite completo. Naquela época, os comissários de bordo eram vistos como pop stars dos céus. Ao mesmo tempo, eles eram modelos para a próxima geração. Poucas profissões, exceto talvez ser um ator ou atriz, exalavam tanto glamour e brilho.

O trabalho também trazia uma certa emoção e entusiasmo, porque naquela época voar ainda não era totalmente seguro. Afinal, os padrões comprovados de tecnologia e treinamento que existem hoje ainda estavam em seus estágios iniciais. Os motores das aeronaves não chegavam nem perto do nível de precaução de falhas e da segurança que os de hoje têm e a navegação aérea carecia da precisão necessária, especialmente em condições climáticas desfavoráveis. Com as aeronaves incapazes de voar por cima de áreas de clima adverso, os pilotos muitas vezes não tinham escolha a não ser navegar com suas aeronaves no meio de zonas de mau tempo. Vento, turbulência, altas temperaturas e um barulho ensurdecedor no interior da aeronave dificultavam o trabalho da tripulação de cabine.

A partir da década de 1960, os processos de recrutamento de candidatas do sexo feminino se tornaram mais difíceis à medida que cada vez mais candidatas entravam no mercado de trabalho. As moças tinham que manter uma compostura tranquila enquanto encaravam horas de entrevistas, testes de aptidão física, testes de conhecimentos e, em alguns casos, um teste de QI. As companhias aéreas viram uma vantagem de mercado em contratar moças atraentes e desejáveis. Aquelas que não se enquadravam nesse requisito não tinham chance de conseguir um emprego.

Naquela época, as companhias aéreas podiam impor seus próprios padrões de beleza rigorosos. Mesmo pequenas falhas na aparência geral eram suficientes para que uma candidata ficasse fora da disputa desde o início. Muita maquiagem faria com que você fosse rejeitada. Mesmo marcas de nascença aparentes ou proporções faciais estranhas poderiam te dar uma rejeição. E as restrições não paravam depois que o tão almejado emprego já estava garantido. Por exemplo, fumar em público enquanto você estava em serviço não era tolerado. E se casar ou ficar grávida faria você perder o emprego.

O papel de anfitrião continuava tão importante como sempre e a tripulação deveria fazer com que o passageiro se sentisse como um membro da realeza. Os comissários de bordo eram treinados para apoiar passageiros que tinham medo de voar, bater papos interessantes com executivos, dar dicas de viagens ao exterior e tornar os voos divertidos para as crianças. Se sobrasse algum tempo depois de fazer tudo isso e ainda servir as refeições, o que era bem difícil, os comissários até lavavam a louça.

Tanto na década de 1960 como **na década seguinte, a de 1970**, os uniformes mudaram diversas vezes na tentativa de satisfazer os padrões da moda que estavam cada vez mais presentes na vida cotidiana e no local de trabalho. A imagem pública de um tripulante de cabine variava bastante, pois cada companhia aérea desenvolveu o seu próprio estilo distinto. Os uniformes mais práticos e confortáveis foram substituídos por trajes mais elegantes e clássicos adornados com elementos típicos do país ou da vestimenta tradicional regional. Outras companhias aéreas usavam propositalmente a sensualidade de suas funcionárias para chamar a atenção. As saias ficaram mais curtas, os saltos mais altos e o corredor central da cabine virou uma passarela. As meninas que serviam champanhe, pãezinhos e café, distribuíam jornais e faziam anúncios na cabine, viraram propagandas ambulantes. Todos os dias, o objetivo delas era não apenas incentivar os abastados a comprar outra passagem aérea, mas também fazer com que o máximo de pessoas possíveis voassem naquela sociedade cada vez mais curiosa e mente aberta da época.

A partir da década de 1970, o perfil típico dos passageiros mudou — e as companhias aéreas adoraram, é claro. Gradualmente, mais passageiros menos abastados também estavam tendo condições de voar em suas férias. Embora que para que isso fosse possível foi preciso sacrificar algumas coisas e cortar alguns gastos, muito mais pessoas puderam realizar o sonho de voar pelo menos uma vez na vida.

Com essa maior acessibilidade a voos, a procura por aeronaves aumentou, resultando na necessidade de novas companhias aéreas.

Novas regiões foram abertas e adicionadas às redes de rotas existentes. Esse foi um período de mudança, tanto nos modelos de negócio das companhias aéreas como nas condições de trabalho. Os comissários de bordo muitas vezes faziam escalas mais longas nos destinos dos voos, às vezes ficavam dias num paraíso tropical. Destinos distantes em voos de longo-curso sempre prometiam uma aventura. Os tripulantes de cabine tinham tempo suficiente antes dos voos de retorno para descansar, fazer compras ou desfrutar de atividades turísticas. Dificilmente em qualquer outra profissão você teria a oportunidade de fazer um safári na África, relaxar em uma bela praia do Caribe, aproveitar a agitação da Times Square em Nova York, fazer um tour por Londres ou visitar um dos muitos templos na Ásia. Assim que chegassem ao destino, os comissários de bordo ficavam livres para fazer o que quisessem e sair para explorar.

Com o advento do transporte em massa e de tipos de aeronaves mais sofisticados, a profissão mudou mais uma vez. **Na década de 1980**, foram feitos esforços para mudar os conhecidos termos "aeromoça" e "aeromoço" para apenas "comissário(a) de bordo". Essa mudança foi uma forma de sinalizar claramente aos passageiros que a principal responsabilidade da tripulação de cabine era segurança a bordo e que eles não estavam ali apenas para servir e agradar. Na tentativa de dar um ar de seriedade, a profissão deixou de ser associada à imagem estereotipada da comissária de bordo sensual criada especialmente para promover a companhia aérea. A profissão perdeu um pouco da exclusividade pela qual era conhecida; as estadias no exterior se tornaram mais curtas, com menos tempo entre os períodos de serviço.

A partir de 1990, as primeiras companhias aéreas de baixo custo começaram a entrar no mercado, contribuindo para o crescimento da indústria. Para poder operar de forma mais lucrativa, as companhias aéreas reduziram o tempo de inatividade das aeronaves em terra. Isso lhes permitiu oferecer mais voos ao longo do dia e gerar mais receita. Os esforços de longa data para regular os períodos de serviço e de descanso finalmente alcançaram progressos notáveis, com alguns resultados gratificantes que focavam na proteção das pessoas que trabalham em voos.

À medida que o interesse econômico, político e social pela aviação aumentou **a partir dos anos 2000**, a indústria se tornou um símbolo de viagens sem limites e de uma economia global interligada. Em 2005, mais de dois bilhões de passageiros voaram pela primeira vez; apenas 12 anos depois esse número dobrou, com mais de quatro bilhões de passageiros viajando em pouco menos de 42 milhões de voos comerciais num único ano. Estatisticamente falando, mais de 7.500 pessoas em todo o mundo embarcaram num avião a cada minuto em 2017. Isso significava que, a qualquer momento do dia, havia quase 500 mil pessoas voando em algum lugar do mundo. Essa rápida mudança foi muito bem recebida no mercado de trabalho. Nunca antes na história tantos comissários de bordo foram necessários e recrutados.

Ao mesmo tempo, a aviação teve de aprender a lidar com várias crises. Embora tensões políticas resultantes de sanções desestabilizadoras e de conflitos econômicos tenham sempre afetado a indústria, os acontecimentos que rodearam o 11 de Setembro, a crise econômica de 2008 e o surto da pandemia de coronavírus no final de 2019 tiveram um grande impacto nas companhias aéreas e nas viagens aéreas em todo o mundo.

Apesar do ambiente dinâmico e das condições em constante mudança, considerando o número de candidaturas, a popularidade da profissão continua inabalável. O sonho de voar é tão antigo quanto a própria humanidade e é um sonho que os jovens de todo o mundo continuam a ter. Não há dúvida de que as gerações futuras não serão menos capazes de enfrentar os desafios e que subirão aos céus com tanto prazer como as que vieram antes delas.

Nenhum dia é igual

Como um comissário de bordo, você tem uma responsabilidade que é demonstrada através da sua liderança. É esperado que você lidere pelo exemplo. Seu comportamento profissional garante a segurança a bordo. Em situações perigosas, você assume o comando, tomando atitude para iniciar as medidas de resgate. Você é um aplicador da lei, árbitro, planejador de lazer, especialista em turismo, consolador, paramédico, estrategista de vendas, animador infantil, bartender e faz-tudo, tudo em um só. O que é exigido de você pode mudar em uma fração de segundo, mesmo assim, você ainda consegue fazer seu trabalho de acordo com os padrões estabelecidos nos manuais, ao mesmo tempo que tem em mente as diretrizes da companhia aérea e com um sorriso no rosto. Mas, além dessa descrição de trabalho, como realmente seria o seu dia a dia como comissário de bordo?

Antes de cada dia de voo, você verifica os turnos na escala de serviço fazendo login na rede da empresa em casa. Você também deve dar uma olhada em seus e-mails de trabalho para não perder nenhuma alteração de última hora. Se, por exemplo, houver ajustes nas regras ou correções no manual de voo durante seus dias de folga, você precisa estar ciente deles rapidamente para poder implementar as alterações em seu próximo voo.

> **"Assim que o briefing começa, começo a ficar empolgada com o próximo voo. Meu coração bate mais rápido e a tensão desaparece."**
> Fabienne, 21, Nova Caledônia

O início do dia de trabalho começa com um briefing nas instalações da companhia aérea. Além de você e seus colegas comissários de bordo, os pilotos também participam do briefing. Quaisquer detalhes específicos e dados relevantes sobre o voo, como altitude, duração e clima, são discutidos. Além disso, o comissário de bordo sênior na cadeia de comando atribui as áreas exatas de responsabilidade a cada um para garantir que todos os passageiros a bordo sejam devidamente atendidos. Qual membro da tripulação é responsável por quais fileiras específicas de assentos, saídas de emergência, banheiros e verificações de segurança depende de onde fica o *jump seat* atribuído a ele. Essa alocação é uma parte essencial do briefing, pois as posições podem mudar a cada voo. Depois disso, todos seguem juntos para a aeronave designada.

Mas antes disso, você e seus colegas de tripulação precisam passar pela segurança. Em alguns aeroportos existe uma entrada separada para tripulantes. Dependendo do país de partida e de destino, será realizada uma rápida verificação de controle de passaporte. Depois disso, você vai diretamente para a aeronave designada a pé ou é levado até lá por um ônibus da tripulação. Depois de chegar na aeronave, sobra pouco tempo para preparativos, por isso é fundamental que todos saibam exatamente as etapas do seu trabalho e as executem sem ter que pensar (ensaiar as etapas pode ajudar aqui).

A primeira coisa a fazer é guardar seus pertences, como sua bagagem de mão e sua mala. Depois disso, são feitas extensas verificações de segurança dentro da cabine. Conforme aprendido durante o treinamento, a primeira coisa que você deve fazer é verificar os equipamentos mínimos obrigatórios. Checklists são usados para resolver as seguintes questões, entre outras: Os cintos de segurança estão prontos para uso? Todas as persianas das janelas estão abertas? Cada assento possui um colete salva-vidas? Há um cartão de instruções de segurança para cada passageiro nos bolsos dos bancos dianteiros?

Dependendo dos serviços oferecidos pela companhia aérea, os primeiros preparativos na cozinha também começam ao mesmo tempo. A equipe de catering do aeroporto local recebe as refeições, verifica se estão todas lá, organiza e depois guarda no avião. Os carrinhos de bebidas são entregues com uma linha de produtos completa ou somente após um pedido ser feito para itens que se esgotaram ou estão acabando. Para os clientes da Classe Executiva e Primeira Classe, as garrafas de champanhe são resfriadas, os vinhos são colocados em locais de fácil acesso e os jornais e revistas são organizados. Por fim, o sistema de entretenimento de bordo é ligado e preparado para o voo antes que os passageiros possam embarcar na aeronave, que agora está pronta para decolar.

Para facilitar o processo de embarque, os passageiros com mobilidade reduzida embarcam primeiro, incluindo pessoas com deficiência física, pessoas frágeis e idosas, e qualquer pessoa que esteja viajando com crianças pequenas ou bebês. Deixar que esses grupos embarquem primeiro permite que você e seus colegas de tripulação lidem com suas necessidades individuais e tomem quaisquer providências adicionais necessárias para o voo. Por exemplo, alguém que usa cadeira de rodas pode precisar de instruções de segurança adaptadas às suas necessidades específicas. Famílias com crianças também recebem instruções especiais.

Quando os passageiros estão embarcando no avião, é extremamente importante que a tripulação de cabine esteja ativamente presente e visível. Isso permite que qualquer dúvida seja respondida logo no início. Os passageiros também são informados sobre onde estão seus assentos e, se necessário, recebem ajuda para arrumar sua bagagem de mão.

Assim que todos estiverem sentados na aeronave, as portas são fechadas e trancadas. Os passageiros são então calorosamente recebidos a bordo através do sistema P.A (*passenger address*), aquele famoso interfone usado para se comunicar com os passageiros. Após isso é feita a demonstração de segurança obrigatória, que é necessária para todos os voos em todo o mundo. Ela é realizada ao vivo pela tripulação de cabine ou reproduzida como uma gravação de vídeo através do sistema de entretenimento de bordo. Os passageiros nas fileiras de saída de emergência recebem instruções adicionais. Muitas vezes, basta lhes mostrar como abrir corretamente a saída de emergência caso aconteça uma.

Assim que a aeronave chega à pista, são feitos os preparativos finais para a decolagem. Nesse momento, a sua função é verificar se todos os passageiros colocaram os cintos de segurança, dobraram as mesinhas e colocaram os encostos na posição vertical e se todos os pertences foram guardados com segurança. Antes da decolagem, você deve estar no assento designado a tempo — com o cinto de segurança bem colocado, é claro.

Depois que o avião atinge a altitude de cruzeiro, sua função é cuidar dos passageiros a bordo e garantir que estejam confortáveis. Alimentos e bebidas são preparados e servidos. Crianças viajando sozinhas devem ser vigiadas. Os passageiros mais jovens a bordo muitas vezes precisam de uma atenção extra. Em intervalos definidos, você será responsável por garantir que as instalações sanitárias estejam limpas e em bom estado de funcionamento. Dependendo da companhia aérea, vender produtos da loja de bordo também pode fazer parte do seu trabalho.

> **"O trabalho já pode ser bastante estressante em voos curtos, mas eu gosto muito mais dos voos mais longos, apesar disso."**
> Anila, 24, Índia

Os preparativos para o pouso são basicamente os mesmos da decolagem. Antes ou pelo menos até o avião iniciar a descida, você recolherá as bandejas de comida e quaisquer copos e resíduos, separando esses itens e guardando-os adequadamente. A cozinha também não deve ser esquecida. Lá, você deve ter certeza de que tudo foi guardado em seu devido lugar e protegido com segurança. Em seguida, você verificará pela última vez se todos os passageiros estão com os cintos de segurança em seus assentos, se as mesinhas estão dobradas e os encostos estão na posição vertical e se a bagagem de mão foi guardada corretamente.

Assim que a aeronave atinge a sua posição final de estacionamento, as portas são destravadas e as saídas abertas. Os comissários de bordo ficarão de pé em suas posições designadas para se despedir dos passageiros. Para garantir que nenhum item foi esquecido ou deixado na cabine, você também deve verificar os assentos e os compartimentos superiores. Depois disso, os tripulantes arrumam e organizam qualquer coisa que esteja faltando antes que a cabine seja entregue à próxima tripulação.

Após um breve briefing final, seu turno termina e você está livre para partir. Tudo o que resta fazer agora é sair do serviço de voo atual no computador e aproveitar a oportunidade para verificar se há quaisquer alterações na escala de serviço.

A escala e a hierarquia da tripulação

As pessoas tendem a presumir falsamente que ser comissário de bordo é como se fosse apenas uma grande férias sem fim, onde você vai viajando de uma bela região do mundo para outra. Na verdade, as oportunidades para turistar em terras distantes são poucas e bastante raras. Além disso, nem todas as companhias aéreas permitem estadias de um dia e/ou pernoites em cidades estrangeiras. Isso depende da rede de rotas e da escala de serviço. Mesmo que você tenha tempo livre no exterior, nem sempre será um destino que todo mundo sonha em visitar. No final das contas, nem todas as partes do mundo para onde você voa vão ser um lugar que você escolheria para passar as férias. E mesmo se for, geralmente há muito pouco tempo para explorar.

Sua escala de serviço mensal vai te dizer exatamente quais dias você vai trabalhar, seus destinos e os tipos de aeronaves para os quais você foi atribuído. Os nomes dos outros membros da tripulação e qualquer acomodação reservada para você também são listados às vezes. Além do serviço ativo de voo, os dias de espera (*standby*) também contam como dias de trabalho. Isso significa que você é obrigado a estar de sobreaviso durante seu tempo livre e deve estar pronto para ir ao aeroporto a qualquer momento. Essa flexibilidade significa que um substituto pode ser encontrado imediatamente se alguém não puder cumprir seu turno.

A equipe de planejamento da tripulação é responsável pelo agendamento da equipe, assim como pela determinação das horas de trabalho. Esse departamento faz o planejamento de toda a frota de aeronaves 24 horas por dia, garantindo que haja tripulantes suficientes e evitando possíveis gargalos. Primeiro, eles precisam ter certeza de que a tripulação é qualificada para voar o respectivo tipo de aeronave. Somente quem possui as qualificações necessárias para uma aeronave pode trabalhar nela.

A composição da tripulação também depende do cargo, da função a bordo e da disponibilidade de cada um da equipe, não deixando de levar em consideração os períodos de descanso e férias. Além disso, o agendamento da tripulação leva em conta considerações financeiras da companhia aérea, o cumprimento dos requisitos legais, como períodos de serviço e descanso, bem como requisitos operacionais de voo e agendamentos de treinamento de funcionários. Em vez de trabalhar em voos como o habitual, alguns comissários de bordo também são chamados ocasionalmente para realizar tarefas de escritório ou atividades de marketing.

Em geral, as escalas de serviço na aviação são sujeitas a alterações frequentes. A qualquer momento, um tripulante pode adoecer ou um voo pode ser cancelado devido a condições climáticas desfavoráveis ou problemas técnicos. Também é possível que um voo seja adiado de forma inesperada, caso seja necessário. No setor *charter*, as operações de voo estão ainda mais sujeitas a alterações, pois nesse setor, ao contrário do tráfego regular, é o cliente (por exemplo, um operador turístico) que decide quando e como o voo será feito. Embora essa flexibilidade seja importante para as companhias aéreas do ponto de vista financeiro, ela também impacta a estabilidade dos agendamentos mensais e, consequentemente, a sua capacidade de fazer planos para o seu tempo livre.

Para manter os tripulantes motivados apesar de toda essa flexibilidade que é esperada, as companhias aéreas dão a eles um pouco de poder de escolha antes das escalas de serviço serem elaboradas. Na maioria dos casos, podem ser feitas solicitações individuais. Se elas são realmente atendidas ou não, depende da equipe de planejamento da tripulação. Como alternativa a esses procedimentos convencionais de solicitação, existem também sistemas de pedidos onde você pode solicitar dias de voo, rotas ou dias de folga. O que vai dizer se os pedidos vão ser concedidos ou rejeitados é um conjunto de regras internas, sendo o tempo de casa do comissário normalmente o fator decisivo. Portanto, quem está na companhia aérea há mais tempo ou conseguiu ganhar "pontos positivos" tem mais chances de influenciar ativamente sua própria escala.

Voos de curto e médio-curso

As rotas de voo são categorizadas por distância, sendo o critério importante a trajetória de voo percorrida, ou seja, o trecho entre os aeroportos de partida e de destino. Com base nisso, as aeronaves são classificadas em aviões de curto, médio e longo-curso. No entanto, não existe uma definição internacionalmente aplicável para cada distância, razão pela qual elas são geralmente avaliadas e determinadas de forma um pouco diferente pelas agências de aviação, fabricantes de aeronaves e companhias aéreas.

> "Pessoalmente, eu prefiro voar distâncias curtas, porque meu corpo não precisa ficar se acostumando com os fusos horários. A melhor parte é poder passar as noites em casa com a minha família."
> Susanne, 50, Áustria

O seu dia normal de trabalho em rotas de curta e média distância envolverá decolagens e pousos frequentes. Pode ser que você voe para vários destinos em um dia e o último voo do dia pode não terminar necessariamente no seu aeroporto de origem. As múltiplas chegadas e partidas fazem com que o seu turno pareça passar mais rápido. Muitas vezes não há muito tempo em solo para preparar a aeronave para o voo seguinte. Em comparação com os voos de longo-curso, os procedimentos são repetidos várias vezes no dia e os serviços oferecidos aos passageiros costumam ser menos completos. Por outro lado, o corpo sofre um estresse significativo devido às constantes mudanças na pressão do ar.

Quando possível, a maioria das companhias aéreas oferece à sua tripulação de cabine a oportunidade de trabalhar em diferentes tipos de aeronaves. Isso significa que se a companhia aérea tiver uma frota diversificada, você poderá alternar entre voos de curto, médio ou longo-curso. Em alguns casos, as rotas são atribuídas com base no seu tempo de casa na empresa, onde a sua classificação pessoal está associada aos anos de serviço. Portanto, se você já trabalha na empresa há muito tempo, será classificado de acordo com isso e poderá escolher as rotas que você deseja voar. Esse sistema de bônus não serve apenas para escolher voos para destinos atrativos; na verdade, os destinos de longo-curso são bastante populares porque os funcionários podem cumprir as horas do expediente de forma mais rápida.

Voos de longo-curso

Num voo de longo-curso, provavelmente você vai cruzar vários fusos horários — e em apenas algumas horas você não só vai se encontrar em outro país, mas também em um ritmo circadiano completamente novo. O dia fica mais curto ou mais longo, isso confunde o seu relógio biológico e os horários de dia e noite não correspondem mais à sua rotina diária habitual. Mas não é apenas com o *jet lag* que as pessoas que trabalham em voos de longo-curso têm de lidar — eles também precisam aderir um estilo de vida completamente diferente.

> **"Nos voos de longo curso você conhece um pouco melhor os passageiros. Você sabe quem está ansioso ou com raiva, quem bebe muito ou pouco e quem não deixa de se divertir, mesmo em viagens longas."**
> Saricsa, 32, Honduras

Vos de longo-curso geralmente envolvem apenas uma decolagem e um pouso por dia. Devido ao longo tempo de voo, o serviço de bordo é mais completo do que nas rotas de curto e médio-curso. Os passageiros da Classe Executiva e da Primeira Classe recebem um atendimento especial com um serviço exclusivo de vinhos e destilados e um cardápio farto. Mas os passageiros da Classe Econômica também são cuidados com carinho e, especialmente em voos muito longos, são oferecidos vários lanchinhos e uma vasta seleção de bebidas quentes e frias, além das refeições principais.

Nos intervalos entre as diferentes partes do serviço de bordo, os tripulantes podem fazer uma pausa e descansar um pouco. Aeronaves de longo curso possuem uma área dedicada onde a tripulação pode descansar ou se deitar. Isso permite que pilotos e comissários de bordo descansem um pouco e até tirem uma soneca durante o intervalo.

O tempo da estadia no seu destino depende tanto da duração do voo de onde você acabou de sair quanto do horário do voo de continuação. Dependendo da frequência com que a companhia aérea voa para o destino, pode ser apenas uma visita curta ou você vai poder até ficar alguns dias. Durante esse tempo, porém, a aeronave não fica esperando no solo. Logo após o pouso, os tripulantes entregam a aeronave para a próxima tripulação que, estando totalmente descansada, está pronta para iniciar o voo de retorno ou continuação.

Número de comissários a bordo

O tamanho da equipe na cabine depende da capacidade de assentos da aeronave. De acordo com as normas da aviação, deve haver um comissário de bordo para cada cinquenta assentos. Se um avião de médio-curso tem 180 passageiros a bordo, isso significa que quatro tripulantes vão estar trabalhando na cabine. É claro que uma companhia aérea é livre para contratar tripulantes adicionais, por exemplo, para fins de treinamento. Existe um requisito mínimo, mas não há um limite máximo para o número de comissários de bordo em uma aeronave.

Dependendo do tamanho da companhia aérea, pode ser que você passe cada turno como parte de uma equipe diferente. Essa rotação regular dos membros da tripulação não deixa espaço para abordagens individuais no trabalho. Todos devem poder contar uns com os outros. Você será treinado em cada etapa dos diferentes procedimentos até o ponto em que consiga realizá-los até dormindo, independentemente de já ter trabalhado com os membros da equipe antes ou não.

Cabine de passageiros e cabine de comando

Manter a segurança no solo e no ar é a prioridade máxima de qualquer companhia aérea. Os comissários de bordo e os pilotos só conseguem atingir isso se a equipe trabalhar em perfeita harmonia, razão pela qual toda a tripulação de voo — tanto quem trabalha dentro como fora da cabine de comando — participa regularmente de sessões de treinamento em conjunto para aprender como executar as diferentes tarefas juntos, quem é responsável por o que e que tipo de planos precisam ser seguidos. O foco dessas sessões é o espírito de equipe e o desenvolvimento de habilidades de liderança.

Pode ser que você se surpreenda, mas comissários de bordo e pilotos trabalham muito menos juntos do que a maioria das pessoas imagina. O avião pode ser um local de trabalho partilhado, mas existem diferenças organizacionais, legais e hierárquicas entre as duas funções.

Enquanto como comissário de bordo você trabalha diretamente com os passageiros, os pilotos têm pouco ou nenhum contato com eles. Trabalhar com passageiros é difícil, especialmente porque os esforços que as companhias aéreas fazem para sair na frente das concorrentes não para depois que o passageiro compra a passagem.

Os comissários de bordo têm de tentar proporcionar o máximo conforto aos passageiros, independentemente de ser uma passagem de baixo custo ou não, um dilema que os deixam em uma sinuca de bico ao tentar cumprir as exigências conflitantes da companhia aérea e dos passageiros. Falta de entretenimento a bordo, refeições inadequadas ou uma distância muita apertada entre um assento e outro vão causar insatisfação e aborrecimento entre os passageiros, e por outro lado a companhia aérea tenta manter os custos operacionais inerentemente elevados o mais baixo possível através de poupanças em áreas específicas.

Na cabine de comando, é claro, você não vai ter que se preocupar com isso. Mas mesmo aqui não se trata mais apenas de voar. Além de serem responsáveis por inúmeras vidas e pelo avião, os pilotos recebem várias tarefas relacionadas a negócios, o que só aumenta a pressão sobre eles.

Mas apesar de todas as diferenças entre a cabine de passageiros e de comando, sem cooperação as coisas não vão correr bem a bordo da aeronave. Os comissários de bordo e os pilotos são bastante dependentes uns dos outros, por exemplo, para conseguirem cumprir TATs (tarefas que devem ser cumpridas entre um pouso e a próxima decolagem) em pouco tempo quando a aeronave tem de ser rapidamente preparada para o próximo voo. O que conecta essas duas profissões é a necessidade de agir sempre em acordo com as tarefas do outro e garantir que cada lado respeite a área de responsabilidade do outro. Por exemplo, os pilotos só podem iniciar os procedimentos de descolagem depois de terem recebido um sinal de que está tudo certo da sua tripulação de cabine. Por outro lado, os comissários de bordo devem estar prontos para o serviço de bordo e a verificação final de segurança dentro do prazo especificado para que seus colegas pilotos não sejam obrigados a atrasar a decolagem ou o pouso.

De modo geral, o clima de trabalho a bordo de aeronaves de passageiros é amigável e livre de conflitos. Todas as companhias aéreas valorizam muito o respeito mútuo; é esperado que a equipe seja educada e prestativa e se comunique de maneira eficaz. Essa cooperação harmoniosa tem um efeito positivo na satisfação no trabalho, na formação de equipes e na união da tripulação. O ambiente de trabalho também pode afetar os passageiros de forma positiva e negativa, por isso é importante manter um clima agradável a bordo para garantir que os passageiros sejam recebidos com cordialidade e hospitalidade.

Vamos perguntar a Emilia,
uma Comissária de Bordo e Pilota de 31 anos da Itália em treinamento

"Eu tive a ideia de me tornar pilota enquanto estava sentada no *jump seat.*"

"Assim que comecei a pensar em qual carreira seguir, rapidamente ficou claro para mim: eu quero trabalhar na aviação. Mas as coisas não começaram como eu imaginava. Eu me mudei para Dublin para poder melhorar meu inglês. Ao contrário da minha expectativa, no início tive dificuldade em compreender as pessoas na Irlanda por causa do sotaque. A princípio, isso foi um choque cultural. Mas em vez de jogar a toalha, eu persisti. Essa perseverança valeu a pena e, depois de apenas seis meses, dei meu primeiro passo na carreira e me tornei comissária de bordo de uma companhia aérea de baixo custo.

Mas não parei por aí. Vendo o crescimento econômico que estava acontecendo em Doha, me candidatei a uma vaga na companhia aérea estatal do Qatar. O momento era propício, eu estava indo muito bem pessoalmente e tive sucesso. A primeira coisa que aconteceu foi que fui transferida da Classe Econômica para a Classe Executiva e, mais tarde, para a Primeira Classe. Adquiri experiência em diversos tipos de aeronaves como o Boeing B737/B777 e o Airbus A380, o maior avião de passageiros do mundo. Embora sempre quis continuar com a mente aberta, nunca soube realmente em que direção minha carreira iria se desenvolver.

A ideia de me tornar pilota, de mim mesma decolar um avião um dia, veio a mim enquanto estava sentada no *jump seat.* Não era incomum para nós olhar os pilotos trabalhando de vez em quando. No começo eu achava que pilotar um avião era muito chato, porque no final das contas a maior parte da navegação é feita pelo piloto automático. Mas um voo me fez mudar de ideia. E foi isso. Decidi ir para a escola de aviação e fazer minha primeira aula de voo. O que eu posso dizer: eu amei!"

Prós: os pontos positivos da profissão

Como em qualquer profissão, trabalhar como comissário de bordo tem vantagens e desvantagens e precisam ser cuidadosamente ponderadas. Quando se trata de equilíbrio entre vida pessoal e profissional, vale a pena pensar cuidadosamente, porque esse trabalho extraordinário realmente vai mudar a forma como você vive a sua vida. Se você não estiver ciente disso desde o início, poderá acabar se sentindo desapontado e frustrado depois de pouco tempo, em vez de ter o emprego dos sonhos que você esperava. Dito isso, há alguns motivos pelos quais tantos comissários de bordo permanecem em seus empregos por muitos anos ou mesmo décadas e ainda ficam entusiasmados com seu trabalho.

No topo da lista de benefícios estão as viagens e a emoção de descobrir lugares diferentes e por vezes escondidos nos cantos mais distantes do mundo. Um avião é um lugar de encontros e solenidade. Uma viagem não apenas conecta; também cria espaço para um sentimento de pertencimento a bordo e aproxima pessoas de diferentes origens e culturas. Seus passageiros vêm de todos os cantos do mundo, você aprende sobre lugares dos quais nunca ouviu falar antes. Você conhece pessoas de todos os tipos — e ainda tem a oportunidade de viajar para os países de onde elas vêm.

Voar a trabalho é uma oportunidade perfeita para conhecer cidades e regiões ao redor do mundo com pouquíssimos gastos — em alguns casos até de graça. Essa oportunidade se deve aos generosos descontos às vezes oferecidos pela própria companhia aérea ou às parcerias com outras companhias aéreas e redes hoteleiras. Como comissário de bordo, você também se beneficia de programas de parceria e campanhas de vendas nos aeroportos.

Outro incentivo pode ser o fato de você nem sempre ter que trabalhar no mesmo local ou ter o mesmo horário de trabalho. É essa vontade de conhecer lugares distantes, essa ânsia por experiências mágicas que fez você considerar seguir essa carreira.

> "Viajar pelo mundo, ter uma sensação de liberdade ilimitada e ser paga por isso — isso é algo que nenhum outro emprego consegue superar. Mas isso não é tudo. Eu aprendo algo novo todos os dias e tenho que me adaptar constantemente. E é exatamente isso que torna os meus dias de trabalho tão especiais."
> Malena, 25, Argentina

Mas esse trabalho é muito mais do que apenas viajar pelo mundo com um uniforme elegante. Mesmo que nem todas as necessidades dos passageiros possam ser atendidas de forma totalmente satisfatória, cada gesto de gratidão que você recebe deles é um sinal de apreço pelo seu trabalho e pela sua hospitalidade. Se você gosta de ter contato com as pessoas todos os dias, você se sentirá muito à vontade neste setor de serviços.

Na indústria da aviação é fácil conhecer pessoas e fazer amigos. Treinamentos semelhantes e interesses em comum criam conexões fortes entre colegas. Um amor por voar, o ambiente de trabalho familiar e amigável a bordo e todas as experiências de viagem unem a tripulação.

Fora do trabalho, você também vai desfrutar de diversas atividades e excursões com seus colegas comissários de bordo. Mesmo que os membros mais experientes da equipe tenham visto uma atração turística várias vezes, eles ficam sempre felizes em acompanhar aqueles que ainda não viram. Muitas vezes, alguém do grupo chega até os outros com uma ideia interessante que os levará a uma excursão espontânea ou a aventuras inesperadas. Uma trilha de mountain bike nos Andes, um passeio de barco na costa do Vietnã, um safári em corredeiras nos Alpes Franceses ou uma visita a um parque nacional na África do Sul podem se tornar alguns dos seus momentos mais queridos.

Excursões para lugares novos ou desconhecidos são mais fáceis e, mais importante, mais divertidas quando você está em boa companhia. Na verdade, é muito bom ter alguém ao seu lado, principalmente quando você está longe de casa. Isso torna tudo muito mais agradável e você pode aproveitar e experienciar tudo de uma nova cidade sem se preocupar com nada. Normalmente essas viagens são planejadas em conjunto, o que significa que todos podem ter certeza de que terão uma experiência mágica e inesquecível.

É praticamente impossível ficar entediado nesta profissão. Você nunca ficará sem coisas para conversar. Não importa em qual companhia aérea você trabalhe um dia, a interação dentro da tripulação é sempre calorosa e amigável, geralmente construída em cima de respeito e educação. Num ambiente como esse, as longas horas passadas a bordo passarão num instante. E onde mais você vai estar conversando sobre vários assuntos interessantes com seus colegas de trabalho às três da manhã?

Ao contrário de empregos mais executivos ou de outras profissões de colarinho branco, como um comissário de bordo não há contratos a serem concluídos, nem prazos a cumprir, nem valores a entregar. Não há compromissos ou eventos dos quais o sucesso do negócio é dependente. Outra grande vantagem é que seu trabalho não pode ser levado para casa. No final de um dia no ar, o trabalho está feito e já era. Também não há pressão para escalar de cargo, embora você tenha oportunidades de subir na carreira.

Outro incentivo são os períodos de serviço e descanso rigorosamente regulamentados, cujo cumprimento é frequentemente monitorado pelas agências de aviação. Embora o seu tempo de folga possa ser num país estrangeiro e não no seu país de origem, a relação entre as horas de trabalho e o tempo de folga é muitas vezes muito boa. Afazeres e compras, por exemplo, são possíveis em qualquer dia útil. Isso traz uma flexibilidade que não existe em outras profissões.

Os comissários de bordo geralmente têm uma afinidade com a aviação e gostam de muitas pequenas coisas em seu trabalho. Assistir a uma aeronave decolando ou pousando pode fazer seu coração bater mais rápido. O rugido dos motores, as forças de aceleração, o barulho do trem de pouso retraindo e a frenagem após o pouso podem te causar frio na barriga.

A maioria das pessoas que aceitam um emprego como tripulantes de cabine estão confiantes na sua escolha de carreira e falarão com orgulho sobre as valiosas experiências que adquiriram através do seu trabalho. Mesmo depois de muitos anos na profissão, se pudessem escolher, muitos seguiriam o mesmo caminho novamente.

Vamos perguntar a Richard,
um Comissário de Bordo de 32 anos de Malta

"Eu era jovem e tudo que eu pensava era festejar"

"As pessoas costumam sorrir quando conto minha história. Tudo começou quando eu trabalhava como professor em uma escola. Consegui um emprego ainda jovem e ensinava matemática para crianças. Eu gostava do trabalho, mas era de longe o mais jovem do corpo docente. As conversas durante os intervalos giravam principalmente em torno da vida familiar dos meus colegas professores, em outras palavras, dos seus filhos ou cônjuges.

A cada conversa que eu tinha, eu me sentia cada vez menos preparado para uma vida que parecia estar planejada para mim. Eu era jovem e tudo que eu pensava era celebrações sem fim, virar a noite em festas e música alta. Eu queria sair, socializar e experimentar a vida.

Em casa, eu ouvia atentamente as histórias do meu irmão. Ele era comissário de bordo e se mudou para os Emirados Árabes Unidos para trabalhar. Sua vida era como um diário de viagem colorido, ele vivia coisas emocionantes e a carreira que escolheu era tudo menos monótona e previsível. Era exatamente isso que eu queria também!

Por sorte, meu irmão estava encarregado de um voo para nossa cidade natal em Valletta, capital de Malta. Através dele, tive a oportunidade de conhecer toda a tripulação de cabine. Eles estavam hospedados em um hotel próximo, então aproveitei a oportunidade para aprender mais sobre esse trabalho emocionante direto de quem entende. Depois disso eu tive certeza que eu estava imaginando as coisas errado e o trabalho seria bem diferente do que eu esperava.

Meu irmão e os outros comissários de bordo estavam relaxando em volta da piscina do terraço do hotel, alguns dando um mergulho na piscina para se refrescar, outros relaxando nas espreguiçadeiras ouvindo música nos seus fones de ouvido enquanto tiravam uma soneca ou liam um livro. Todos tinham personalidades muito diferentes, mas o que tinham em comum era uma natureza amável e encantadora e havia um sentimento real de união entre eles. Todos eles estavam de bom humor — e isso era muito contagiante. Havia um clima muito sociável ali que eu achei incrível; afinal, eles não apenas trabalhavam juntos, mas também ficavam claramente felizes em passar o tempo livre uns com os outros.

Eles passaram seu período de descanso oficial juntos, em outras palavras, ficaram até a próxima partida. E não só isso — eles já estavam planejando o que fariam juntos à noite. Meu irmão e eu pudemos ajudar e indicamos alguns restaurantes. Eles conversaram sobre onde ficava a festa que iriam depois do jantar, o que também era totalmente minha praia. Como se eu já fizesse parte do grupo deles desde o início, fui imediatamente incluído nas conversas. Eles presumiram automaticamente que eu não voltaria para casa depois de tomar sol na piscina. Então não era apenas porque eles estavam de boa comigo estando ali — na verdade, eu fazia parte da gangue.

Encorajado pelo clima alegre e pela atmosfera tranquila e informal, pude tirar todas as minhas dúvidas sobre como eram suas rotinas no trabalho. Uma resposta fascinante me levava à próxima pergunta e eu percebi como isso realmente me fez ganhar vida por dentro. A partir daquele momento, fiquei fascinado! Fiquei encantado com esse estilo de vida e com o comportamento de todos do grupo. Eu queria ser um deles. E eu consegui."

Contras: os pontos negativos sobre o trabalho

Embora o dia a dia nem sempre seja tão glamoroso como é mostrado nos filmes, por exemplo, a profissão inegavelmente tem um certo status. Na verdade, a sua reputação na sociedade varia desde o glamoroso emprego dos sonhos muito procurado até à imagem bastante infeliz da "garçonete do céu".

Outro ponto negativo é que a formação não é oficialmente reconhecida, pois o treinamento só é válido para a empresa para a qual ele é realizado. Embora que teoricamente não haja nada de errado com isso, se o seu treinamento não for reconhecido por outra companhia aérea ou em programas de treinamento financiados pelo Estado, isso pode, em alguns casos, ser um obstáculo para sua futura trajetória profissional.

O dia a dia na profissão envolve mudanças frequentes. A vida imprevisível que é o trabalho por turnos muitas vezes resulta em queixas físicas, como distúrbios persistentes do sono, problemas estomacais e digestivos desagradáveis, descanso mental insuficiente e até mesmo burnout. Além disso, o esforço físico de constantemente se abaixar e carregar e levantar coisas pode sobrecarregar todo o sistema locomotor do corpo.

> **"Na maior parte do tempo você só vai ficar vendo o terminal à sua frente, mas sem desembarcar do avião. Em vez de conhecer vários lugares novos, nos voos de curta distância tudo o que você vê são aeroportos."**
> Dhakiya, 23, Quênia

Apenas o fato de trabalhar em uma aeronave já coloca uma certa tensão no corpo. Isso acontece por causa da cabine pressurizada, que controla a pressão interna. As mudanças na pressão decorrentes das múltiplas decolagens e aterrissagens são como subir e descer uma montanha várias vezes ao dia. Isso é particularmente perceptível em rotas de curto e médio-curso, onde os tempos de voo são mais curtos e há mais decolagens e pousos todos os dias.

Trabalhando com voos de longo curso, há muito menos decolagens e pousos, mas você vai ter que cruzar vários fusos horários. Isso significa que você vai ter menos tempo para se recuperar e ficará cada vez mais cansado. Quando o seu ritmo circadiano muda, seus padrões de sono mudam também. Acordar à noite e não conseguir adormecer novamente é tão comum quanto ficar exausto durante o dia.

Uma aeronave é um ambiente de trabalho relativamente apertado que não oferece muito espaço para você descansar. Há uma falta de privacidade e nenhuma chance de trabalhar sem ser incomodado. Cada ação feita por você acontece sob o olhar atento dos passageiros curiosos. Os passageiros gostam bastante de observar cada movimento seu e isso inclui as operações a bordo, interações com outros tripulantes de cabine e conversas com outros passageiros.

Esse último requer habilidades e intuições específicas para cada caso, pois cada passageiro vai estar com um humor diferente a bordo. Dentro de algumas fileiras de assentos, você vai encontrar pessoas ansiosas, irritadas e exigentes que, cada uma à sua maneira, precisam da sua compreensão e paciência.

O risco de entrar em um conflito ou em uma situação perigosa é maior do que em outras profissões. Um passageiro pode passar mal, se ferir ou ferir outras pessoas ou se tornar autoritário. Por outro lado, um dispositivo eletrônico pode começar a liberar fumaça a qualquer momento ou alguém ignorando uma placa de proibido fumar no banheiro pode causar um incêndio.

As diferentes condições meteorológicas também causam uma descarga ocasional de adrenalina. Por exemplo, em um único turno você pode experienciar de tudo, desde uma zona de mau tempo que precisa ser sobrevoada em grandes altitudes até uma turbulência, uma tempestade de areia e um pouso sob forte nevasca.

Se o seu empregador exigir que você passe muitas noites no exterior, você vai ser obrigado a viver um tipo totalmente diferente de vida cotidiana, você vai viver viajando, de um lugar para o outro, fazendo *check-in* e *check-out* de hotéis em horários aleatórios e tendo que lidar com circunstâncias não familiares. Você terá que não se incomodar com isso e também com dormir em camas de hotel estranhas em ambientes sempre novos.

Compromissos, celebrações familiares e tradições queridas ficam subordinadas às escalas de trabalho (na maioria das vezes mensais). Muitas vezes você não consegue planejar algo com mais de quatro semanas de antecedência. Mesmo assim, às vezes a escala mensal não é totalmente certa, pois alterações podem ser feitas a qualquer momento.

Os horários de trabalho dos comissários de bordo exigem flexibilidade máxima. Estar de sobreaviso, com a possibilidade de ter que ir trabalhar de uma hora pra outra, também afeta o tempo que você tem em casa para realizar outras atividades. São fatores como esses que podem ser estressantes para sua vida familiar. Na verdade, toda escala de serviço exige um certo nível de aceitação e sacrifício de seu parceiro.

Como membro de uma tripulação de voo, você também vai experienciar a competição acirrada que prevalece no setor. A aviação é particularmente vulnerável a crises, disputas políticas e conflitos comerciais internacionais. O sucesso econômico de uma companhia aérea também é afetado negativamente por questões ambientais ou pelo aumento dos preços do petróleo.

Esses fatores tornam o emprego menos estável, assim como os frequentes contratos temporários e sazonais e o fato de os funcionários serem basicamente substituíveis. Seu fiel companheiro é a preocupação de que você possa perder o emprego a qualquer momento — especialmente porque você poderia ser considerado inapto para voar a qualquer momento.

A cada ano que passa, suas necessidades sociais e aspirações profissionais mudarão. Dependendo da fase da vida em que você se encontra, você perseguirá objetivos diferentes. Por exemplo, alguém no começo dos vinte anos que terminou recentemente a escola tem aspirações diferentes de alguém com trinta e poucos que esteja planejando começar uma família. No final das contas, você deve avaliar e pesar por si mesmo os diferentes prós e contras — por mais difícil que isso seja.

Vamos perguntar a Emily,
uma Comissária de Bordo de 24 anos da Austrália

"Sinto falta da minha família e dos meus amigos"

"O que importa são momentos como esses. Quando me vejo passeando pelo mercado de Marrakech como agora. Gosto de estar aqui, observar de longe a agitação dos habitantes locais, sentir os intensos e perfumados aromas orientais, que me lembram uma época antiga de dentro das Mil e Uma Noites. Enquanto isso, avisto a comida árabe de aparência deliciosa, exposta de forma impressionante em pratos por toda parte, em pequenas mesas ao longo dos becos, e no meu pensamento já estou escolhendo um restaurante para jantar à noite. E eu vivencio tudo isso no pouco tempo que tenho — enquanto me apresso até os comerciantes do mercado que vendem suco de laranja espremido na hora. A essa altura, já sou uma profissional em passar furtivamente pelos encantadores de serpentes marroquinos, esperando que desta vez eles também não me abordem. Tudo isso é exatamente o que eu amo no meu trabalho! Também adoro trabalhar com passageiros e tenho a sensação de que eles também sentem o prazer que sinto em fazer meu trabalho.

Eu quero ser comissária de bordo pelo resto da vida? Não, não acho que eu quero isso. Um dia quero construir uma família, quero ter filhos, um jardim e tudo mais. Sinto muita falta da minha família e dos meus amigos quando fico fora por vários dias. Existem algumas desvantagens dessa profissão com as quais não acho que serei capaz de conviver daqui a alguns anos. Por exemplo, voos muito cedo são terríveis. Começar um turno tendo dormido pouco depois de uma noite curta não é fácil. Também posso sentir como meu corpo tenta lidar com quatro voos por dia. Ele reage a isso, ele muda. As constantes subidas e descidas são fisicamente exigentes e mentalmente desafiadoras. Sem falar na adaptação a diferentes fusos horários. Sempre mantenho meu fuso horário habitual, que meu corpo conhece. Então, pelo menos quanto a isso eu tenho uma estratégia que funciona. Embora eu goste muito do trabalho, é importante não deixar de refletir também sobre as desvantagens."

Oportunidades da carreira

Salário e benefícios

Muitas companhias aéreas são abertas e transparentes quanto aos salários de tripulantes de cabine. A faixa salarial dos comissários de bordo é extremamente ampla, com salários variando muito dentro e entre as companhias aéreas. Dependendo da empresa, região, classe fiscal e categoria, os salários são sujeitos a enormes flutuações, embora sejam geralmente fixos e só negociáveis em casos excepcionais.

Quando for comparar os salários de diferentes companhias aéreas, vale a pena dar uma olhada nos detalhes do contrato. Em vez dos típicos salários fixos que conhecemos de outras indústrias, as estruturas salariais variáveis não são incomuns no setor aéreo. Incentivos financeiros encorajam os funcionários a ter um bom desempenho, e é exatamente isso que todas as companhias aéreas se esforçam para alcançar. Por outro lado, essa flexibilidade permite que a gestão reduza alguns benefícios não obrigatórios, como bônus por exemplo, em tempos econômicos difíceis. Se o salário base permanecer intacto, fazer isso não é tão complicado do ponto de vista jurídico.

Os componentes variáveis do salário incluem um subsídio diário extra chamado "per diem" ou "diária", à qual os funcionários têm direito legal de receber para ajudar nas refeições no exterior. Além disso, todos os contratos de trabalho incluirão cláusulas sobre horas extras, bônus por voos adicionais e também bônus fixos para trabalho em feriados ou turnos noturnos. Comissões provenientes de vendas a bordo também podem ser um componente variável do salário, bem como bônus por conhecimentos adicionais de línguas estrangeiras, tempo de serviço e por assumir responsabilidades e funções adicionais dentro da equipe.

Além dos benefícios em dinheiro, também existem alguns benefícios não monetários que estão entre as vantagens do trabalho. Entre eles está um plano de saúde e um seguro de vida, mas não são todos os empregadores que oferecem esses benefícios automaticamente. Particularmente na área da saúde, as grandes companhias aéreas têm várias parcerias que são bastante interessantes. Como recompensa pelo cumprimento das metas internas, muitas vezes são oferecidas inscrições a custos reduzidos ou mesmo gratuitas em diversas instalações desportivas, como academias por exemplo, ou também são cobertos os custos de tratamentos de saúde.

Esses benefícios não monetários podem variar de uma companhia aérea para outra. Se uma empresa oferece benefícios de moradia, isso a torna ainda mais atraente como potencial empregadora. O mesmo se aplica se a empresa oferecer um serviço de transporte entre os apartamentos da empresa e o aeroporto. Além disso, às vezes descontos generosos em passagens aéreas, carros alugados e reservas em hotéis, restaurantes e lojas de aeroportos são anunciados como benefícios do trabalho. Os funcionários às vezes também se beneficiam de outras parcerias da companhia aérea, onde conseguem usufruir de melhores planos de celular, melhores condições de empréstimos ou financiamentos, seguros e também descontos em lojas, por exemplo.

Se você estiver viajando ao exterior a negócios, a companhia aérea cuidará de toda a organização e despesas de viagem e hospedagem. Além disso, os custos de qualquer treinamento que você possa precisar são pagos pela empresa. A empresa também pagará pelo seu uniforme básico, embora você seja responsável por cuidar bem dele, lavá-lo a seco, etc.

Porém, o que realmente importa é que você goste do seu trabalho e se veja como parte da equipe. Na verdade, um bom ambiente de trabalho pode compensar a falta de benefícios. Seu próprio bem-estar é a chave para ter um bom equilíbrio entre vida pessoal e profissional. No final das contas, para que você consiga passar tanto tempo longe de sua família, geralmente não é apenas uma questão de dinheiro.

Vamos perguntar a Hiu Tung,
uma Comissária de Bordo de 30 anos de Hong Kong

"Eu nunca imaginei que iria ver esses lugares algum dia"

"É meio engraçado. Estou em um castelo na cidade japonesa de Toyama. Até uma semana atrás, eu nem sabia que eu tinha um voo para cá, muito menos que esse paraíso na terra existia. A cidade fica a cerca de 300 quilômetros da metrópole mundial Tóquio. Ainda é inverno e há poucos turistas internacionais. É ainda mais bonito para mim descobrir essa cidade na neve.

Depois de terminar o ensino médio, eu na verdade queria me tornar policial. A minha família trabalhava para o governo, por isso procurar um emprego na função pública foi um passo lógico para mim. Mas um dia, alguns amigos me falaram sobre uma companhia aérea do pequeno país Catar. Ela era conhecida por contratar pessoas de diferentes países e origens. Fiz algumas pesquisas online e decidi imediatamente enviar uma candidatura.

Foi no impulso. Meus pais não aprovaram minha decisão espontânea. Eles ficaram ainda mais chateados quando larguei meu emprego estável para dar esse salto e me mudar porque a companhia aérea tinha me oferecido um emprego. Eles estavam preocupados que, depois que eu saísse de casa, nunca mais voltasse.

Eles veem as coisas de forma diferente agora. Eles se sentem tranquilos porque eu sempre volto e ouvem avidamente quando lhes conto sobre minhas viagens. Esses momentos que são mágicos. Todos os dias vivo tantas coisas novas. Tive experiências de tirar o fôlego que nunca pensei serem possíveis antes, e ainda sei que há muito pela frente.

Eu fiz um passeio de barco e observei as baleias, velejei ao longo de costas rochosas e mergulhei em ilhas de tirar o fôlego. Pude ver de perto o incrível mundo subaquático em diversas ocasiões. Visitei cidades nos Estados Unidos, fiz safaris no Quénia e na Tanzânia, passei a época de Natal na Alemanha e fiquei hipnotizada pela deslumbrante aurora boreal no paraíso de inverno da Finlândia. Meus voos me levaram por todos os continentes e me trouxeram ao destino mais impressionante que vi até agora — a pequena ilha caribenha de Bonaire.

Mas de forma alguma eu já vi tudo. Tenho até uma lista de aventuras de aventuras que estou determinada a vivenciar antes de uma certa idade. Para mim, às vezes os lugares não precisam ser cheios de coisas para fazer ou ter aventuras emocionantes. Cada vez que visito um país, aprendo muito sobre os habitantes locais e sua cultura."

Subindo de cargos e perspectivas de carreira

Se você adquiriu experiência profissional suficiente na empresa e gostaria de assumir mais responsabilidades no futuro, oportunidades de promoção podem se abrir para você dentro da companhia aérea. Nem é preciso dizer que atrair qualquer forma de atenção negativa antes de considerar uma promoção não será muito bom para você. Na verdade, ter um bom desempenho consistente é a única maneira de você ter chance de conseguir um cargo mais sênior na tripulação.

Em cada voo existe um comissário sênior, cuja posição é referida por diferentes nomes, incluindo "Purser", "Comissário de Bordo Sênior", "Chefe de Cabine", "Maître de Cabine" ou "Gerente de Serviço da Cabine". Além das tarefas do dia a dia, suas tarefas como comissário chefe incluem preparar a equipe para o dia de trabalho, gerenciá-la ao longo do dia e saber sempre o que está acontecendo. Você faz o briefing pré-voo, se comunica com o pessoal de terra, faz anúncios de embarque, supervisiona novatos e cuida da papelada pós-voo. Você também é responsável pelo desempenho dos demais tripulantes e é sua função resolver desentendimentos a bordo. Durante todo o voo, você fica em contato com a cabine de comando e informa aos pilotos o que está acontecendo na cabine de passageiros.

Em aeronaves de longo-curso de fuselagem larga, a promoção para comissário de bordo sênior é um pouco diferente. Devido às diferentes classes de transporte, você começa na Classe Econômica e então vai avançando para a Classe Executiva e depois Primeira Classe. Os diferentes padrões de serviço dos passageiros nas diversas classes são como se fossem cargos que você vai escalando — até chegar ao topo e à posição de comissário chefe.

Além de trabalhar ativamente em voos, pode ser que você também se envolva em outras áreas de responsabilidade. Você pode ajudar em feiras e eventos, por exemplo, onde seu conhecimento e experiência, bem como seu comportamento profissional, podem ser muito benéficos para a companhia aérea. A experiência de alguns membros da tripulação também pode ser aproveitada com bons resultados em programas de fidelização de clientes e na equipe de recrutamento. Dependendo dos seus talentos e interesses individuais, pode ser que você queira se envolver em tarefas administrativas mais típicas, como o planejamento da tripulação, desde que essa mudança seja apoiada pela empresa.

Treinando o treinador

Outra forma de desenvolvimento profissional é ser autorizado a preparar as gerações futuras para a carreira de comissários de bordo. Se tornar um instrutor ou treinador um dia é uma meta que vale a pena — e isso pode ser feito como uma alternativa à carreira de comissário de bordo ou paralelamente ao trabalho.

Embora geralmente haja mais pessoas interessadas em cargos de treinador do que vagas, há uma demanda considerável para essa área, o que significa que as chances de você ensinar em sala de aula um dia são muito boas. Além do treinamento básico que os novatos passam, os tripulantes ativos também precisam fazer cursos de atualização (a quantidade e a frequência exata variam de companhia aérea para companhia aérea). Tendo em conta o grande número de alunos, é necessário um número significativo de treinadores também. Esses treinadores ou são formados pela própria companhia aérea ou são fornecidos por prestadores de treinamento externos contratados a curto prazo.

Ensinar não se trata apenas de suas habilidades sociais e conhecimentos, apesar de ambos serem essenciais. Você também precisa de uma mentalidade corporativa e deve ser capaz de transmitir isso aos participantes do curso. As pessoas que trabalham em voos devem ser capazes de apoiar a gestão nas suas decisões e comunicar os valores da companhia aérea aos passageiros na forma de serviços. Também é responsabilidade do treinador garantir que todos trabalhem em equipe, estejam familiarizados com os detalhes legais básicos e sigam as diretrizes de comportamento, comunicação, procedimentos operacionais de voo e treinamento de segurança.

Não há muito tempo nos cursos iniciais para treinar os participantes nos padrões de serviço, pois os horários costumam ser bastante apertados. Apesar das muitas unidades de ensino, ainda é necessário apoiar os alunos de forma individual, especialmente em conteúdos que são difíceis de aprender ou que os tiram da sua zona de conforto — falar diante de um público, por exemplo. Uma coisa é aprender de cor os anúncios de bordo e recitá-los para si mesmo — falar ao microfone na frente de várias pessoas, no entanto, é uma coisa totalmente diferente. Coração acelerado, respiração rápida, mãos suadas, tremedeira, boca seca, vontade repentina de urinar ou náusea são os sintomas típicos que os atores costumam sentir antes de subir ao palco. E poucas pessoas que desejam se tornar comissárias de bordo esperam um dia ser confrontadas com tanto nervosismo assim.

Para que um anúncio de embarque padrão saia de forma natural e sem esforço — com uma voz agradável e a uma velocidade adequada — é necessário o apoio profissional de um treinador compreensivo. Somente os livros didáticos não vão te ajudar aqui.

Vamos perguntar a Muriel,
uma Comissária de Bordo de 33 anos da Bélgica

"Tente explicar a alguém que nunca bebeu álcool como é o gosto"

"Quando desisti do meu trabalho como professora para me tornar comissária de bordo não havia como saber que a experiência que adquiri no meu trabalho como professora algum dia poderia me ser útil de novo. Ter experiência na área da educação definitivamente não é um pré-requisito para trabalhar em uma equipe de treinamento de uma companhia aérea, mas me ajudou a conquistar esse cargo.

Deixe-me resumir minha vida como treinadora com alguns números. Falo quatro idiomas fluentemente e tenho conhecimento em mais três. Em média, nos últimos anos, pude treinar 12 tripulantes de cabine por semana, trocando o avião pela sala de aula a cada dois meses. Ou seja, eu voava ativamente um mês, e depois voltava a ensinar no mês seguinte. Em quatro anos, supervisionei 864 trainees, o que é mais do que qualquer outra pessoa na minha empresa. Gosto particularmente do ambiente internacional em que trabalho. Meus alunos vieram de mais de 60 países e nações.

Eu teria perdido tudo isso se tivesse continuado em meu antigo emprego como professora. Eu nunca teria tido que descobrir como explicar aos muçulmanos qual é o gosto dos vinhos e destilados que servimos a bordo. Eles não bebem, então obviamente não sabem como é o gosto do álcool. E eles não vão começar a beber só por minha causa — não que eu fosse deixar isso acontecer de qualquer maneira. No fim eu comparei os vinhos com diferentes frutas e outros sabores para dar a eles uma ideia melhor. Parte do meu trabalho era treiná-los para cuidar dos passageiros da Primeira Classe, para que ao final do curso eles pudessem fazer recomendações de vinhos aos passageiros."

Programas *study-and-fly* (estude e voe)

Estudar e trabalhar ao mesmo tempo exige disciplina e perseverança. Você não vai conseguir conciliar as duas coisas sem fazer sacrifícios, na maioria das vezes em sua vida particular. Essa dupla jornada — porque você não tem o importante tempo de descanso após o voo — pode aumentar seus níveis de estresse e sinais de fadiga. E isso vale não só para estudar, mas também para um estágio e qualquer outro curso de formação ou desenvolvimento pessoal.

A oportunidade de combinar esta profissão maravilhosa com alguma outra forma de educação ou formação é também algo que ajuda algumas companhias aéreas a lidarem com as flutuações sazonais. Por exemplo, companhias aéreas de férias ou empresas de charter têm de lidar com a escassez de funcionários na alta temporada e, ao mesmo tempo, ter tripulantes suficientes para manter os seus aviões operando. É por isso que as companhias aéreas oferecem modelos lucrativos de tempo de trabalho, como o trabalho a horário reduzido ou os chamados programas *study-and-fly* (estude e voe).

O que é preciso ter em mente, porém, é que você não tem direito a horários de trabalho flexíveis que lhe permitam exercer atividades particulares ou mesmo concluir um curso, seja a frequência obrigatória ou não. O foco permanece no trabalho em si, ou seja, voar. Dito isso, para te ajudar a não perder nenhum curso de treinamento, palestra, data importante ou mesmo prova, você tem a opção de trocar turnos com seus colegas, solicitar férias em um determinado período ou tirar dias de folga.

Vamos perguntar a Kathrin,
uma Comissária de Bordo de 40 anos da Alemanha

"Meu coração está em modo avião"

"O enorme interesse que tive pela indústria da aviação já era evidente desde muito jovem. Porém, depois de concluir meu treinamento como comissária de bordo, decidi pensar num plano B, para caso as coisas dessem errado. Naquela época — e mesmo agora — eu não sabia se iria continuar gostando de voar à medida que eu fosse envelhecendo.

Além do meu trabalho de tempo integral na aviação, dediquei cada minuto livre que tinha aos estudos. As coisas ficaram bem puxadas com todas as provas que eu tinha que fazer, tornando tudo duplamente difícil para mim. Os diferentes destinos para onde podia voar e conhecer um pouco graças à extensa rede de rotas da companhia aérea foram a minha forma de descansar um pouco. Embora eu tenha investido muito tempo e energia em meus estudos, voar ainda era o que fazia meu coração bater mais rápido."

Comissário de bordo VIP em um jato executivo

Outra opção para um comissário de bordo é trabalhar em um jato particular ou executivo. Ao contrário de uma companhia aérea, essas aeronaves voam apenas a pedido do cliente e não de acordo com uma agenda de voos. O jato e a tripulação devem estar prontos para decolar dentro de um curto período de tempo. Os proprietários de aeronaves e seus clientes apreciam essa flexibilidade; afinal, ela é uma das razões pelas quais empresas e indivíduos gastam dinheiro nesses meios de transporte luxuosos. Para a tripulação, significa estar constantemente de prontidão. Toda a operação é adaptada às necessidades do cliente porque essa esfera da indústria se destaca na individualidade.

Trabalhar a bordo de um jato particular que transporta ricos e famosos, aristocratas, políticos ou atletas renomados é mais do que experienciar seus estilos de vida — significa ter que adaptar sua própria rotina aos hábitos deles. Dependendo do acordo de expediente pode ser que você fique viajando por dias ou até semanas seguidas, geralmente sem descanso e sem a oportunidade de voltar para casa no meio tempo. Durante esse período, não existem horários de trabalho fixos nem horários de voos recorrentes, como os que conhecemos das redes de rotas das companhias aéreas comerciais. Basicamente, qualquer destino é possível a qualquer hora. Você visita desde metrópoles até as áreas mais remotas, ambos lugares muito atrativos para viajantes. Em um minuto você está admirando a areia branca e as águas cristalinas do Caribe — e dois dias depois uma cabana de madeira no norte do Canadá espera por você. Cada voo traz uma nova aventura e uma oportunidade de viver experiências que só acontecem uma vez na vida. Fazer a mala não é tarefa fácil, porque se você não sabe onde estará dias depois, como vai saber se vai precisar de trajes de banho ou de roupas de inverno.

> **"No início, eu me sentia honrada em voar junto com celebridades. Hoje eu os vejo como pessoas normais como você e eu. Nem preciso dizer o quão diferente é trabalhar dessa forma comparado a trabalhar em uma companhia aérea."**
> Lana-Theresa, 28, Áustria

Quanto tempo durará a sua estadia em um local depende unicamente dos objetivos particulares e profissionais do cliente. Às vezes, eles precisam de seus meios de transporte luxuosos com menos frequência e, então, a aeronave fica parada no solo sem ser usada por dias. Para você, isso significa mudar sua compreensão de tempo livre. Quando você trabalha para uma companhia aérea, você pode planejar coisas para fazer no seu tempo livre. Diferente disso, ao voar em jatos executivos na aviação geral, você acaba tendo tempo livre quando não há voos planejados. Porém, durante o horário de serviço, você e seus colegas pilotos vão estar sempre de sobreaviso, sempre preparados e prontos para chegar ao aeroporto a qualquer momento e partir para um novo destino.

A maioria dos jatos executivos voa com dois pilotos e um comissário de bordo. As aeronaves que são tão grandes quanto um avião comercial exigem mais tripulantes para garantir que haja pessoal suficiente para cuidar dos passageiros. No entanto, não importa o tamanho do avião de luxo, os comissários de bordo em jatos particulares sempre têm mais responsabilidades. Eles têm que cuidar de cada pedido e de cada detalhe antes, durante e depois do voo.

O trabalho de um comissário de bordo VIP pode ser comparado a administrar seu próprio pequeno hotel. O chão tem que ser aspirado, todos os armários devem ser espanados, os móveis polidos, os assentos e o banheiro devem ser limpos e por aí vai. Você mesmo tem que comprar tudo no supermercado mais próximo, desde produtos para cozinha até papel higiênico. Qualquer coisa que você não consiga fazer sozinho deve ser organizada e acertada com outras empresas. É preciso saber improvisar, por exemplo, quando se trata de limpar cobertores e colchões ou quando a máquina de café quebra em um local onde não há como consertá-la ou substituí-la.

O design interior de um jato executivo é sempre um reflexo do proprietário e de suas preferências. Enquanto as aeronaves menores costumam ser elegantemente decoradas com espaçosos assentos de couro para transportar executivos de A a B de maneira rápida e confortável, os modelos maiores lembram um palácio voador. Para maior conforto, essas aeronaves possuem áreas de estar, jantar e dormir separadas. Alguns jatos particulares possuem até uma sala de reuniões ou escritório adicional onde os passageiros podem trabalhar sem serem incomodados.

Quando se trata de função e design, esses aviões não deixam nada a desejar. Até o sistema de entretenimento e som é projetado para impressionar. Do sistema de home theater às telas multifuncionais ultramodernas, acesso à Internet e iluminação de bordo ajustável, há muitas coisinhas extras. Para criar o clima para a hora de dormir, o teto da cabine pode imitar um céu estrelado. Outros efeitos de iluminação, como um nascer do sol romântico, também podem ser criados caso alguém peça.

É dada especial atenção ao serviço de comida e bebida a bordo. O desejo de ser mimado que é típico aqui é bastante parecido com o de uma Primeira Classe em um voo regular. Os passageiros esperam um nível de serviço equiparado ao de um restaurante de luxo. Enquanto que em uma companhia aérea comercial várias pessoas — muitas vezes departamentos inteiros — cuidam de toda a logística, como comissário de bordo VIP todas essas tarefas são de sua responsabilidade. Você é o único responsável pelo estoque a bordo da aeronave, desde a compra de suprimentos até a preparação de todas as refeições do cardápio. Dependendo dos hábitos e desejos dos seus passageiros, vai ser esperado que você apresente criações inteligentes. Para que tudo funcione, você fará um planejamento meticuloso das refeições no seu quarto de hotel, encomendando de lá todos os suprimentos necessários à empresa de catering. Também cabe a você conseguir temperos ou ingredientes que estejam faltando. A cozinha do hotel pode te ajudar com isso ou você também pode comprar comida no supermercado mais próximo. Um cartão de crédito corporativo é a chave para você arrasar em cada pedido especial e alcançar 100% de satisfação do cliente.

"**Os hóspedes VIP prezam por sua privacidade.**"
Sema, 31, Turquia

Antes da decolagem, destilados, vinhos e bebidas não alcoólicas são carregadas na aeronave. A comida que vai ser oferecida é cuidadosamente organizada e arrumada, para que esteja sempre a fácil alcance. Taças de cristal, talheres e guardanapos de pano criam um cenário perfeitamente requintado para o jantar de gala no céu. Voar em um jato particular é mais do que apenas ir de A a B. Alguns passageiros passam tanto tempo no ar que a atmosfera a bordo é particularmente importante para eles.

Como comissário de bordo VIP em um jato particular ou executivo, é esperado que você conheça as preferências de seus passageiros e seja capaz de avaliar as situações corretamente. Para garantir que os passageiros não sejam perturbados e possam recuar e relaxar, é importante que você permaneça sempre despercebido. É preciso ter tato para saber quando sua presença é desejada — e quando você deve sair de cena. Se estiver acontecendo uma reunião entre parceiros de negócios a bordo, dar privacidade pode ser mais importante do que encher uma taça de vinho vazia, por exemplo. Você poderia acidentalmente ouvir conversas confidenciais entre seus passageiros. A integridade e a confidencialidade de sua parte são fundamentais.

Gravidez e licença maternidade

Se você engravidar, logo terá que se perguntar o que vem a seguir em sua carreira. Infelizmente, não existem regras padrão aqui. Cada companhia aérea lida com isso de maneira diferente, com algumas decidindo que você deve parar de voar no minuto em que souber que está grávida e outras permitindo que você continue trabalhando a bordo até completar 12 semanas. Somente em casos individuais é possível trabalhar por mais tempo, mas esta decisão requer aprovação médica e nenhuma complicação na gravidez.

Voar é muito mais extenuante durante a gravidez. Fatores do ambiente como o ruído no aeroporto, as vibrações a bordo e a mudança de fusos horários tornam o seu trabalho ainda mais difícil. No início da gravidez sintomas como náuseas, cansaço, cólicas, aumento da micção e problemas circulatórios são mais comuns. Considerando o quão difícil é trabalhar com sintomas como esses, o serviço médico aeronáutico aconselha reduzir o número de voos ao mínimo possível ou, no caso de gravidez de alto risco, evitar voar completamente.

Depois que seu bebê nascer, o que acontecerá com seu trabalho vai depender da situação legal do país onde você trabalha. Idealmente, você vai voltar a trabalhar após sua licença maternidade. No entanto, dependendo do apoio governamental e de exigências legais, a gravidez também pode levar à cessação imediata do emprego. A forma como as funcionárias mulheres são tratadas varia de companhia aérea para companhia aérea, com apenas algumas empresas se esforçando para oferecer às gestantes um cargo temporário no escritório para facilitar o seu retorno ao emprego normal depois que o bebê nascer.

Filhos e carreira

As viagens constantes não facilitam a conciliação da vida profissional com a criação de filhos. Requer muita comunicação com o seu parceiro e compreensão de ambos os lados para encontrar uma solução que funcione para a sua família. E embora os homens nesta indústria também possam passar dificuldades nesse quesito, para as mulheres as coisas podem ser piores ainda, pois elas tendem a assumir as principais tarefas da gestão familiar — mesmo na época de hoje. Nesse aspecto, os comissários de bordo homens geralmente não têm tantos problemas.

Embora os papéis tradicionais estejam mudando lentamente e as responsabilidades estejam gradualmente sendo distribuídas de forma mais justa, suas opiniões e expectativas individuais entrarão inevitavelmente em jogo quando se trata de sua família. Na maioria das vezes ninguém escolhe passar menos tempo com a família, muitas pessoas dependem do dinheiro e gastam uma quantidade considerável de energia tentando conciliar família e carreira. Porém, mesmo assim, um pai que passa vários dias longe da família durante o serviço de voo enfrentará geralmente muito menos críticas do que uma mãe que faz o mesmo.

Para cada turno, os comissários de bordo que têm crianças vão precisar deixar seus filhos sob o cuidado de alguém se o seu parceiro não estiver disponível. Para estadias no exterior, será necessário um cuidado 24 horas. Quem assumir esta função, seja um membro da família, amigo ou uma babá profissional, terá que estar disponível a qualquer momento, para caso você precise dessa pessoa de última hora. Você vai precisar de alguém que esteja ocasionalmente disponível para cuidar das crianças por períodos de tempo mais longos, para levá-las à creche ou buscá-las na escola. A escala de serviço pode mudar a qualquer momento, os voos regulares podem ser atrasados ou até mesmo cancelados completamente, por exemplo, devido ao mau tempo. Por conta de todas essas imprevisibilidades, é necessário um ambiente estável para que você consiga conciliar família e carreira nesta indústria.

Vamos perguntar a Carla,
uma Comissária de Bordo de 31 anos de Portugal

"Pense no futuro com otimismo"

"Eu engravidei aos 23 anos, enquanto ainda estava na universidade. Me formei e consegui um emprego de meio período. Como uma mãe de primeira viagem, fui muito cuidadosa com o dinheiro. Por necessidade, eu conhecia todas as dicas para economizar dinheiro — não tive escolha a não ser cuidar de cada centavo. Mas meus ganhos nunca foram suficientes para me sustentar até o final do mês. Não era suficiente para sustentar a mim e ao bebê.

Então eu entrei no processo seletivo de uma companhia aérea e consegui passar apesar da concorrência. Minha euforia inicial deu lugar à decepção, pois a companhia aérea não poderia me contratar no momento. Fiquei feliz e triste ao mesmo tempo. Eles me disseram que entrariam em contato comigo assim que uma vaga na tripulação estivesse disponível. A espera e não saber quanto tempo isso levaria era um risco muito grande para mim.

Ao mesmo tempo, as coisas estavam complicadas em casa e eu realmente me sentia presa. Estavam acontecendo muitas discussões com o pai do meu filho e os problemas pareciam estar ficando fora de controle. E admito que houve um breve momento em que tive vontade de fugir de tudo. Porém, a vontade de recomeçar era mais forte. Eu estava pronta para deixar o passado para trás e pensar no futuro com otimismo — para meu próprio bem e também para o bem do meu filho.

Depois de me candidatar a vários empregos, minha grande chance finalmente chegou. A vaga tinha saído. Eu me mudei para outro país, que fica a seis horas de voo da minha casa. O treinamento inicial durou cerca de seis meses e eu tive que deixar meu filho com minha família o tempo todo. Sou uma mãe amorosa que faria de tudo pelo seu filho, então essa foi uma decisão muito difícil, mas foi uma decisão que tive que tomar para nossa felicidade a longo prazo. Onde quer que eu fosse no mundo, colocava um alarme para ligar para meu filho. Às vezes era no meio da noite. Mas eu não me importava, não há nada que eu não faria pelo meu pequeno raio de sol. Enquanto meus colegas estavam passeando ou festejando, eu ficava no quarto do hotel. Eu economizava meu dinheiro suado e o transferia para casa para sustentar meu filho.

Hoje nós vivemos uma vida feliz, saudável e financeiramente estável. Não importa o que eu faça, meu filho é sempre minha prioridade. Ele cresceu com essa indústria. Ele não conhece nada diferente. É claro que ele fica triste quando estou fora, mas ao mesmo tempo fica muito orgulhoso de sua mamãe voadora."

Saúde e estilo de vida

Ficar em forma é muito importante. Sua aptidão para voar depende disso. A bordo de um avião, você fica sujeito a forças que devem ser combatidas através de exercícios e esportes. Caso contrário, sua saúde poderá sofrer a longo prazo.

"Para reduzir os meus níveis de stress, faço exercícios diários nas academias e nas quadras dos hotéis."
Annegrit, 22, Suécia

Nós, humanos, somos expostos à uma radiação natural permanente. Essa radiação existe não apenas na superfície da Terra, mas especialmente em grandes altitudes. Quanto mais alto o avião voa, mais forte será o efeito sobre nós. Ele pode ser inofensivo para quem não viaja com muita frequência, mas pode afetar quem precisa voar regularmente por causa de sua profissão.

Os comissários de bordo e pilotos são expostos à radiação cósmica com mais frequência do que o viajante médio. Para proteger as tripulações de voo, os níveis de radiação são medidos constantemente. Dito isto, o limite máximo permitido é tão alto que é extremamente improvável que os níveis encontrados se aproximem deste valor.

Outra coisa que pode afetar o corpo humano vem da cabine pressurizada. A pressão da cabine controlada artificialmente força nossos ouvidos a equalizar a pressão durante subidas e descidas. Em pessoas saudáveis, isso acontece naturalmente, sem que precisem fazer nada. Tanto o aumento como a diminuição da pressão na cabine são graduais, então nosso corpo tem tempo para se ajustar. Porém se estivermos resfriados isso não acontece automaticamente. Pessoas que vão trabalhar com sintomas semelhantes aos de gripe e os seios da face congestionados correm o risco de ter que enfrentar um turno bem doloroso e potencialmente sofrer danos permanentes.

Se você estiver com um resfriado leve, você pode ajudar o seu corpo a regular a pressão segurando seu nariz, apertando suavemente contra ele e então engolindo. Mastigar e bocejar estimulam os pequenos músculos da trompa de Eustáquio a se contraírem e abrirem o canal de conexão. Para facilitar esse processo, recomenda-se o uso de descongestionante nasal. Isso faz com que as membranas mucosas inchem, alivia os sintomas do resfriado e facilita a equalização da pressão.

Mas com resfriados mais graves com os seios da face doloridos ou congestionados, esses pequenos truques não ajudam mais e os sintomas só vão piorar quando você estiver no ar. Isso pode até causar uma lesão por pressão no ouvido, que pode levar a doenças complexas do sistema auditivo. O tímpano pode romper devido ao alongamento excessivo, causando danos permanentes e até perda auditiva.

Inúmeros tripulantes já perderam sua aptidão para voar devido a um resfriado severo. Por um medo equivocado ou uma sensação de constrangimento ou mesmo porque avaliaram mal a gravidade do resfriado, eles se abstiveram de avisar que estavam doentes. Além disso, se você já está com uma dor de cabeça forte e persistente no solo, não deve voar em hipótese alguma.

Em contraste com o resfriado comum, que é muito subestimado, o risco de germes a bordo é geralmente exagerado. Com passageiros e tripulantes confinados durante horas, o ar respirado na aeronave precisa ser constantemente renovado. O ar da cabine é filtrado e purificado por um sistema dedicado. Vírus e bactérias são eliminados e os germes são literalmente jogados para fora. Um suprimento constante de ar fresco é bombeado para o interior da aeronave através dos motores e da cabine pressurizada.

Aqueles que iniciam o voo bem descansados, comem e bebem o suficiente, fazem exercício regularmente e cuidam do corpo conseguem lidar melhor com as turbulências do que aqueles que fazem o contrário.

Não é fácil descrever como é voar por dentro de uma zona de mau tempo. Mesmo os membros da tripulação percebem as turbulências de forma muito distinta e as avaliam de formas diferentes dependendo do seu nível de conhecimento e experiência. O fato é que apenas uma pequena porcentagem dos passageiros aéreos vai enfrentar turbulências realmente fortes um dia. Mesmo a turbulência que geralmente parece muito ruim é, na maioria das vezes, "apenas" uma turbulência leve. Como comissário de bordo, entretanto, é mais provável que você seja submetido à experiência estressante de uma turbulência severa. Isso se deve principalmente pelo número de voos que você fará por ano, embora as regiões para as quais a companhia aérea costuma viajar também façam diferença nesse quesito. Quanto mais forte a turbulência, mais ela afeta o nosso corpo. Por exemplo, se os níveis de açúcar no sangue caírem, isso pode causar suor, fome intensa ou até mesmo fortes sentimentos de frustração, entre outras coisas. A falta de líquidos, por outro lado, desidrata o corpo e leva à falta de concentração. Você ficará mais sensível à turbulência e seu trabalho parecerá mais extenuante.

Deixando isso de lado, dieta e hábitos alimentares também são importantes por outros motivos. Para se manterem aptos para serviço, todos os tripulantes são instruídos a não comer carne crua ou pratos de peixe. Eles fazem isso para evitar qualquer doença ou problema causado por refeições estragadas. Grandes quantidades de alimentos gordurosos, doces e com alto teor calórico também terão um efeito negativo no seu desempenho, especialmente se você comer esses alimentos regularmente. Em suma, todos os funcionários do serviço aéreo devem ter em mente que a aptidão para voar depende da sua saúde e bem-estar geral.

> **"Para manter corpo e mente em equilíbrio, precisamos de formas de aliviar o estresse que aumentem o nosso bem-estar."**
> Malee, 26, Tailândia

Um estilo de vida saudável não só reduz o risco de doenças, mas também ajuda o corpo a lidar melhor com o *jet lag*. O corpo humano tem dificuldade em lidar com as rápidas mudanças nos fusos horários e essas mudanças atrapalham o ritmo natural do organismo. As consequências podem ser fadiga, padrões de sono e alimentação confusos, alterações de humor e até queixas físicas. O trato digestivo humano é particularmente suscetível a isso. Geralmente o trato gastrointestinal funciona de acordo com seu fuso horário natal. A regra geral é que o corpo precisa de um dia de descanso para cada para cada hora de fuso horário atravessado para se ajustar totalmente ao novo ritmo.

Os sintomas perceptíveis do *jet lag* mudam bastante de pessoa para pessoa. Qualquer viajante aéreo pode sofrer de *jet lag*, independentemente da idade ou estado geral de saúde. Os bebês são uma exceção, pois o seu relógio biológico ainda está em desenvolvimento e nenhum ciclo dia/noite é estabelecido em suas primeiras semanas de vida.

O único cenário em que é aconselhável permanecer no seu fuso horário natal é se você estiver fazendo uma viagem muito curta, de um a três dias no máximo. Essa estratégia é recomendada para tripulantes de cabine. Se isso não for possível, períodos mais longos de descanso e relaxamento podem ajudar a aliviar o *jet lag*.

Plano B

Você ainda está motivado, determinado e ansioso para começar e sabe exatamente que voar é o que você realmente deseja? Ótimo! Então mantenha essa chama interna acesa e corra atrás do seu sonho de trabalhar na aviação. No entanto, não se esqueça de ter um plano B, apenas por precaução, pois não dá pra saber se você ainda vai querer fazer o trabalho depois de alguns anos ou se ainda terá boa saúde.

Um certo desgaste pode acontecer — mesmo neste trabalho. No início, tudo é emocionante e novo. Depois de um tempo você se acostuma e o entusiasmo passa. Quando você pousa em uma ilha paradisíaca pela primeira vez, você certamente será inundado por sentimentos de felicidade e alegria. Quando você retorna pela enésima vez, uma certa familiaridade vai surgir e, antes que você perceba, aquele paraíso começará a perder seu encanto.

Portanto, reserve um tempo para pensar sobre o que você gostaria de fazer um dia, se você decidir deixar seu emprego na companhia aérea. No que você é bom, no que você se qualifica e como você imagina sua vida depois da aviação?

É natural querer apenas fugir de vez em quando. Às vezes, porém, isso não tem nada a ver com aspirações reais de carreira, mas simplesmente com um desejo de mudança. Se você rastrear cada um de seus pensamentos até sua origem, reconhecerá seus anseios, desejos e sonhos. Nenhum objetivo de carreira deve ser considerado melhor ou pior que o outro. Você é a única pessoa que realmente sabe o que é melhor para você, qual empresa é adequada para você e que experiências deseja ter. Toda experiência tem o seu valor, embora nem tudo na vida possa ser apenas positivo. Ninguém disse que tudo será fácil. Mas vale a pena aproveitar as oportunidades que se apresentam a você. O que quer que você queira fazer na vida, vale a pena tentar.

Há momentos na vida em que algo antigo chega ao fim e você enfrenta um novo começo. Na maioria das vezes, a curiosidade sobre os desafios futuros prevalece. Mesmo que você tenha preocupações, ter medo não é uma opção. É quando você toma as rédeas do seu futuro que você vive a melhor e mais maravilhosa versão da sua vida.

Deixe seus sonhos correrem livremente. Tome suas decisões com coragem e confiança. O que quer que você decida fazer, espero que dê certo. Do fundo do meu coração, eu desejo a você toda a sorte do mundo e muito sucesso!

                        Seu Piloto e Instrutor

Hans-Georg

Dedicatória

Quero agradecer a todos os comissários de bordo que, através de sua experiência, conhecimento e vontade de informar, contribuíram de forma valiosa para a publicação deste livro. As palavras sinceras nas citações e entrevistas oferecem insights autênticos e perspectivas extremamente interessantes.

A minha admiração vai também para todos os tripulantes que, com um sorriso no rosto, tornam a estadia dos passageiros a bordo o mais agradável possível. Sem vocês, as viagens aéreas não seriam as mesmas.

Muito obrigado!

Sobre o autor

Hans-Georg Rabacher, nascido em 1982, é um piloto profissional, empresário e autor. Ele descobriu sua paixão pela aviação na infância e adolescência. Como piloto, voa regularmente para destinos internacionais e conta com muitos anos de experiência em diversos tipos de aeronaves, incluindo jatos particulares e executivos exclusivos, como o "Bombardier Challenger 350" e aviões de passageiros como a "família Airbus 320".

Ao longo da sua carreira de sucesso na indústria da aviação, Hans-Georg Rabacher trabalhou como instrutor de voo em diversas organizações de formação, incluindo seis anos na gestão de uma das maiores escolas de aviação da Europa Central. Como membro do comitê de seleção de uma companhia aérea, ele também esteve envolvido na avaliação de aspirantes a pilotos.

No âmbito do aconselhamento vocacional, o autor também transmite o seu conhecimento e paixão pela aviação às futuras gerações. Além de sua função como check pilot, ele ainda atua como instrutor e palestrante no treinamento de comissários de bordo, pilotos particulares e profissionais, bem como aspirantes a instrutores de voo.

**Entre e aperte seu cinto.
Pronto para a decolagem!**

Você já se perguntou por que as janelas do avião têm um buraquinho?

Por que o seu aparelho digestivo se manifesta de forma particularmente vigorosa quando você está no ar?

Se a turbulência é realmente tão perigosa quanto parece?

Não seria ótimo ter essas perguntas respondidas por alguém que realmente se senta na frente da cabine de comando? Impossível? Não mais! O experiente piloto Hans-Georg Rabacher leva você a bordo e te entrega informações impressionantes sobre o mundo da aviação.

Os vários assuntos explicados de uma forma fácil de entender são perfeitos para todos aqueles interessados em aviação. Não importa se você nunca pisou em um avião ou se você voa regularmente, muitos detalhes interessantes te esperam para serem descobertos!

O PILOTO
responde diretamente do cockpit

ISBN Capa comum: 979-8-339378-98-3
ISBN Capa dura: 979-8-339379-00-3

www.ingramcontent.com/pod-product-compliance
Lightning Source LLC
Chambersburg PA
CBHW031919240526
45464CB00021B/550